Pesticides, agriculture et environnement

Réduire l'utilisation des pesticides et en limiter les impacts environnementaux

Expertise scientifique collective Inra – Cemagref
(décembre 2005)

Jean-Noël Aubertot, Jean-Marc Barbier, Alain Carpentier,
Jean-Joël Gril, Laurence Guichard, Philippe Lucas,
Serge Savary, Marc Voltz, éditeurs

Éditions Quæ

Collection *Matière à débattre et décider*

Agrimonde
Scénarios et défis pour nourrir le monde en 2050
Sandrine Paillard, Sébastien Treyer et Bruno Dorin, coord.
2010, 296 p.

Pollutions chimiques accidentelles du transport maritime
Michel Girin, Emina Mamaca
2010, 160 p.

Données économiques maritimes françaises 2009
Régis Kalaydjian
2010, 144 p.

Risques et impacts des retenues d'altitude
André Evette, Laurent Peyras, Dominique Laigle
2009, 32 p.

Éditions Quæ
RD 10
78026 Versailles Cedex, France

© Éditions Quæ, 2011
ISBN : 978-2-7592-0935-4
ISSN : 2105-8830

Le rapport d'expertise, source de cette synthèse, a été élaboré par les experts scientifiques sans condition d'approbation préalable par les commanditaires ou l'Inra et le Cemagref. La liste des auteurs et contributeurs de l'expertise figure en fin d'ouvrage.

La synthèse, validée par les auteurs du rapport, a été coordonnée et rédigée par Isabelle Savini.

Sommaire

Avant-propos

La logique des systèmes de production agricole intensifs
et les ruptures annoncées

13 La logique des systèmes de production intensifs

13 Les ruptures

17 Les réponses françaises

18 Les enjeux actuels et les échéances proches

Diagnostic

Une utilisation des pesticides élevée mais très mal connue

21 Niveau et évolution des consommations nationales

23 Pratiques phytosanitaires

26 L'importance de la prescription

26 La question des indicateurs d'intensité d'utilisation des pesticides

Une contamination des milieux et une dégradation des écosystèmes
avérées mais inégalement quantifiées

29 Contamination des milieux

33 Devenir et dispersion des pesticides dans l'environnement

37 Impacts sur les écosystèmes

40 Les approches intégratives

Des risques phytosanitaires mal évalués, et accrus par les systèmes
de culture

43 Une évaluation insuffisante des risques sanitaires et de l'efficacité des
pesticides

44 Des stratégies de lutte insuffisamment différenciées

47 Des systèmes de culture qui accroissent les risques phytosanitaires

48 Des méthodes de lutte dont la forte efficacité n'est souvent pas durable

49 Les démarches actuelles d'économie de pesticides

Un niveau d'utilisation des pesticides conforme à la rationalité
économique

55 La rationalité économique de l'utilisation de pesticides

57 Les coûts et risques liés aux pratiques économes en pesticides

60 Les moyens susceptibles de favoriser l'utilisation des techniques
économes en pesticides

Une politique de régulation difficile à fonder et à mettre en œuvre

63   Une analyse coûts-bénéfices de l'utilisation des pesticides irréalisable

64   Un système « verrouillé » ?

Actions techniques possibles

Réduire la dispersion des pesticides dans l'environnement

69   Adapter les usages de produits phytosanitaires aux conditions de milieu

70   Réduire les pertes à l'application

71   Réduire les transferts dans et hors de la parcelle

71   Intercepter les flux polluants

« Raisonner » l'utilisation des pesticides

75   Les points du raisonnement

76   Conditions et contraintes de mise en œuvre

Réduire le recours aux pesticides

79   Utiliser la résistance des cultures aux bioagresseurs

81   Privilégier les techniques de lutte non chimiques

86   Réduire les risques de bioagressions

87   Viser l'objectif « zéro pesticide »

89   Les « alternatives » à la lutte chimique

Moyens

Les principes et instruments d'une politique de régulation
des pollutions

97   Les principes

97   Les instruments

101   La différenciation spatiale des mesures

Les instruments réglementaires

103   Réglementation concernant l'(éco)toxicité des produits phytosanitaires
et les seuils de contamination

104   Réglementation concernant les conditions d'utilisation

105   Les normes et/ou interdictions locales d'utilisation

Les incitations économiques à la réduction d'utilisation
des pesticides

107   Réduction de l'intérêt économique des pesticides par la taxation

110   Les subventions aux pratiques économes en pesticides

Les actions plus globales sur l'environnement technologique
et économique

115   Aides à l'organisation de l'environnement technologique

116   Agir sur les relations entre le secteur agricole et les secteurs en aval
et en amont

118   Articulation avec les politiques agricoles et les autres politiques
environnementales

Conclusions

123   La dépendance de la production agricole vis-à-vis des pesticides

123   Des risques avérés et des risques plausibles

124   Un diagnostic difficile à établir compte tenu du manque de données

125   La nécessité de réduire les utilisations de pesticides pour limiter les
impacts

127   Les moyens nécessaires à une politique de réduction d'utilisation des
pesticides

Annexe

Auteurs et éditeurs de l'expertise

Avant-propos

Les progrès dans la protection des plantes ont largement contribué à l'augmentation des rendements et à la régularité de la production. Faciles d'accès et d'emploi, relativement peu chers, les produits phytosanitaires de synthèse se sont révélés très efficaces et fiables dans un nombre important de cas, sur de grandes surfaces. L'agriculture française a, plus que d'autres, développé des systèmes de production fondés sur l'utilisation de ces produits ; elle apparaît actuellement très dépendante des pesticides, et fait de la France le troisième consommateur mondial de produits phytosanitaires. Mais aujourd'hui l'utilisation systématique de ces produits est remise en question, avec la prise de conscience croissante des risques qu'ils peuvent générer pour l'environnement, voire pour la santé de l'homme. Dans son rapport sur les « Risques sanitaires liés à l'utilisation des produits phytosanitaires », remis en 2002 au ministère chargé de l'Environnement, le Comité de la prévention et de la précaution (CPP) considérait la présomption de risques pour la santé humaine suffisamment sérieuse pour justifier l'application du « principe de précaution ». Ces risques pour la santé humaine ont été à nouveau soulignés dans le rapport du 12 février 2004 de la Commission d'orientation du Plan national « santé-environnement ». Le développement de la surveillance des milieux met par ailleurs en évidence l'ampleur de leur dispersion dans l'environnement : le sixième rapport de l'Institut français de l'environnement (Ifen) sur les pesticides dans les eaux pointe ainsi une contamination quasi généralisée des eaux par ces produits. Ces constats motivent un encadrement qui devient de plus en plus contraignant au plan européen et national, et ne peut se limiter à l'évaluation, même renforcée, des pesticides eux-mêmes et doit s'étendre à l'évaluation de leurs pratiques d'utilisation.

Plusieurs éléments de l'actualité politique européenne et nationale convergent pour inscrire la question de la réduction d'emploi des pesticides dans les perspectives d'actions publiques. Citons, dans le cadre de l'Union européenne : la réforme de la Politique agricole commune (Pac) et les probables renforcements futurs de la conditionnalité environnementale des aides agricoles ; l'application et la révision de la Directive 91/414/CE relative à la procédure d'autorisation de mise sur le marché des produits phytopharmaceutiques ; la mise en œuvre de la Directive cadre sur l'eau (DCE) qui nécessitera, pour respecter les objectifs de « bon état écologique » des masses d'eau, des actions dont certaines concerneront l'utilisation des pesticides, et enfin la réflexion actuelle sur la définition d'une Directive cadre sur les pesticides (DCP). Au niveau national, le futur Plan interministériel « pesticides » et le Plan national « santé-environnement » (PNSE) sont la manifestation de la préoccupation des pouvoirs publics concernant la réduction des risques liés à l'utilisation des pesticides.

C'est dans ce contexte que les ministères chargés de l'Agriculture et de l'Environnement ont demandé à l'Inra et au Cemagref de réaliser une expertise scientifique collective faisant le point sur les connaissances disponibles concernant les conditions d'utilisation des pesticides en agriculture, les moyens d'en réduire l'emploi et d'en limiter les impacts environnementaux : Que sait-on de l'utilisation des pesticides en France ? Comment mieux utiliser les produits et aménager l'espace pour limiter les contaminations ? Comment modifier les pratiques et faire évoluer les systèmes de production afin de les rendre moins dépendants des pesticides ?

Cette expertise exclut les aspects relatifs à la santé humaine. Elle se limite aux usages agricoles des pesticides, qui représentent 90 % de la consommation totale. Elle n'a pas pour objet de fournir directement un appui méthodologique à l'homologation des produits, ou aux opérations locales de réduction des pollutions des eaux par les produits phytosanitaires actuellement en cours.

Le présent travail a été réalisé par un groupe d'une trentaine d'experts de différentes disciplines (agronomie, protection des cultures, sciences du sol, hydrologie, bioclimatologie, écotoxicologie, économie, sociologie…) et d'origines institutionnelles diverses (Inra, Cemagref, IRD et BRGM). Il s'est appuyé sur les publications scientifiques mondiales dont les experts ont extrait, discuté et assemblé les éléments pertinents pour éclairer les questions posées par les commanditaires. Les questions initiales, formulées au cours d'un processus interactif entre les experts et les demandeurs, ont été consignées dans un cahier des charges auquel les experts ont cherché à se conformer. Toutefois, les limites rencontrées dans l'existence ou la disponibilité des données ont pu conduire à infléchir le cours du travail.

Cette expertise se situe entièrement du côté de l'analyse et de l'évaluation et ne se conclut pas par des avis et recommandations pour l'action faites aux commanditaires. Elle engage la responsabilité des experts sur le contenu scientifique du rapport, individuellement dans leur domaine de compétence, et collectivement pour la cohérence de l'ensemble. Elle engage la responsabilité des institutions, Inra et Cemagref, sur le respect procédural des principes de qualité qui régissent la conduite des expertises.

L'Expertise scientifique collective (Esco) : méthode et clés de lecture

Les principes de l'Esco

L'Esco est une activité d'appui à la décision publique : l'exercice consiste à répondre à une question complexe posée par un commanditaire extérieur en établissant, sur la base de la bibliographie mondiale, un état des connaissances scientifiques pluridisciplinaires qui fait la part des acquis, incertitudes, lacunes et controverses.

Cet exercice suppose une instruction conjointe de la question posée entre le commanditaire et le ou les organisme(s) chargé(s) de coordonner l'expertise, qui aboutit à la rédaction d'un cahier des charges. Le travail d'expertise proprement dit est ponctué de réunions plénières du collectif d'experts, et se conclut par un rapport qui rassemble les contributions des experts et une synthèse destinée à l'usage des décideurs. La remise de la synthèse aux commanditaires peut s'accompagner d'un colloque ouvert à un public élargi.

Les experts sont repérés sur la base de la bibliographie. Il peut être fait appel à des experts extérieurs, français ou étrangers, qui renforcent la garantie d'indépendance et d'ouverture de ce travail.

Un élargissement nécessaire mais raisonné de la base documentaire

La bibliographie examinée est d'abord constituée des publications scientifiques parues dans les revues à comité de lecture et répertoriées dans les bases de données internationales ; dans la pratique, une extension à de la « littérature grise » (rapports divers…) s'avère nécessaire. Ainsi, l'expérience des experts de terrain peut être prise en compte dans la mesure où elle a fait l'objet d'articles parus dans des revues techniques reconnues. Les experts sont aussi amenés à traiter certaines données brutes, issues notamment d'enquêtes statistiques.

La nature des réponses apportées par l'Esco « Pesticides, agriculture et environnement »

L'analyse scientifique proposée par l'Esco vise l'identification, la caractérisation et la hiérarchisation des problèmes posés et de leurs principaux déterminants, puis l'inventaire et l'évaluation des connaissances et moyens techniques (existants, en cours de développement, envisageables…) mobilisables pour gérer ces problèmes. Cette démarche n'aboutit pas à la formulation de solutions « clés en main ».

L'Esco n'a pas pour objectif de dresser le catalogue exhaustif des méthodes de contrôle des bioagresseurs disponibles et efficaces pour chaque culture et dans toutes les conditions régionales. Elle se place à une échelle plus globale et tente de resituer les aspects techniques du contrôle des bioagresseurs dans une approche générale des questions posées par une réduction d'utilisation des pesticides.

L'Esco n'a pas non plus pour objectif de proposer une évaluation critique des opérations en cours[1] destinées à réduire les pollutions par les pesticides, ni d'élaborer une politique alternative de gestion de cette question des pesticides. Néanmoins, en réunissant les éléments disponibles concernant les conditions d'application et d'efficacité d'un certain nombre de mesures génériques, l'expertise fournit des outils d'analyse des actions engagées, envisagées ou concevables en France.

Le statut de la synthèse

Le présent document de synthèse reprend les grandes lignes du rapport d'expertise, dans la perspective d'utilisation des connaissances qui a motivé la commande de cette Esco et renvoie à la mobilisation actuelle des pouvoirs publics autour de la réduction des risques liés à l'utilisation des pesticides.

---

[1] Opérations qui font d'ailleurs l'objet d'évaluations spécifiques : les dispositifs de suivi de la contamination des eaux, l'action des groupes régionaux « Phytos » et la question de la taxe générale sur les activités polluantes (TGAP) ont, par exemple, été expertisés par l'Inspection générale de l'environnement (IGE) récemment.

L'exercice peut conduire à aller un peu plus loin que ne le fait le rapport dans l'interprétation des conclusions scientifiques et leur mise en relation avec des éléments du contexte économique ou politique qui ne sont pas des objets de recherche et n'ont pas été pris en compte dans l'analyse scientifique.

Dans la lettre de cadrage de l'Esco, les questions posées par les commanditaires ont été organisées selon les étapes classiques d'une démarche orientée vers l'action : diagnostic, actions possibles et moyens à mettre en œuvre. Ces trois items sont repris dans la présente synthèse.

La logique des systèmes de production agricole intensifs et les ruptures annoncées

La logique des systèmes de production intensifs

Avant l'avènement des produits phytosanitaires, les systèmes de culture étaient conçus pour assurer le meilleur compromis entre risque phytosanitaire et potentiel de production de la culture. Progressivement, l'acquisition de connaissances sur les besoins d'une culture en éléments minéraux et la maîtrise de la fertilisation, le développement après la seconde guerre mondiale des herbicides qui permettaient de supprimer la concurrence des adventices, et des insecticides qui permettaient de s'affranchir de dégâts d'insectes puis, à partir de 1970, le développement des premiers fongicides de synthèse utilisés en végétation pour protéger les plantes contre les maladies ont profondément modifié les systèmes de culture.

Disposant de moyens d'intervention directe sur les principaux bioagresseurs de ses cultures, l'agriculteur dissocie alors souvent dans son choix d'itinéraire technique ou de système de culture, les éléments qui contribuent à la recherche du potentiel de production le plus élevé et ceux qui préservent ce potentiel. Cette logique conduit à privilégier les pratiques en fonction d'un objectif de production, même si elles augmentent le risque phytosanitaire, puis à « traiter les symptômes » lorsqu'ils se manifestent.

Les pesticides, à la fois efficaces, d'un coût relativement faible et faciles d'emploi, ont contribué au développement de systèmes de production intensifs, qui bénéficiaient par ailleurs de marchés et de prix agricoles favorables, et de la sous-évaluation des conséquences environnementales de leur usage qu'il convient de gérer maintenant.

Les ruptures

La montée des inquiétudes concernant les impacts des pesticides sur la santé et l'environnement

Des effets cancérigènes, neurotoxiques ou de type perturbateurs endocriniens des pesticides ont été mis en évidence chez l'animal. La question des risques pour l'homme (applicateurs de pesticides et leurs familles, ruraux non agricoles exposés, consommateurs) est donc posée. Elle fait l'objet de vives controverses, mais elle est inscrite comme une priorité dans tous les rapports et plans « santé-environnement », qui demandent des études épidémiologiques sur ce point. Une expertise scientifique sur le sujet a été commandée à l'Inserm.

Par ailleurs, les pesticides sont fréquemment mis en cause dans la dégradation de l'état écologique des eaux douces de surface et des eaux côtières, dans la réduction de la biodiversité terrestre constatée dans les zones agricoles et dans les milieux « naturels » contaminés ou bien encore dans des cas de surmortalité des abeilles et de baisse de production des ruches.

Cette inquiétude des Français[2] s'exprime dans les enquêtes d'opinion sur la perception des risques et de la sécurité[3]. Cette question des pesticides s'inscrit plus largement dans les préoccupations concernant l'impact environnemental des productions agricoles (nitrates, nuisances et pollutions engendrées par les élevages hors sol…) ou les risques liés à l'emploi de certaines techniques (farines animales, OGM…).

La reconnaissance du « principe de précaution », désormais inscrit dans la Charte de l'environnement française, fournit un cadre conceptuel et juridique pour une prise en compte de ces risques par les pouvoirs publics. Quels que soient d'ailleurs les risques réels, les pesticides pourraient être à l'origine de crises de défiance des consommateurs.

Le renforcement des mesures réglementaires et législatives européennes

Depuis plus de 20 ans, la communauté européenne se dote progressivement de législations visant la protection de la santé des consommateurs et la préservation de l'environnement, en édictant des normes de contamination (potabilité de l'eau, résidus dans les produits alimentaires), des procédures d'autorisation d'utilisation des produits potentiellement dangereux et, plus récemment, des obligations concernant l'état écologique des milieux.

Les principaux textes en vigueur actuellement sont :
– la Directive CEE 80-778 relative à la qualité de l'eau potable, fixant à 0,1 μg/l la teneur en chaque pesticide, et 0,5 μg/l au total pour l'eau potable ; le dépassement de ces seuils oblige les pouvoirs publics à intervenir (réduction des sources de pollutions ou traitement de l'eau) ;
– la Directive 91/414/CEE relative à l'autorisation de mise sur le marché des produits phytopharmaceutiques ; entrée en application en 1993, elle a renforcé les critères d'évaluation toxicologiques et écotoxicologiques pour

---

[2] Cette situation a d'ailleurs motivé une « réponse » des industries phytopharmaceutiques par des campagnes de communication dans la presse grand public, et des dossiers spéciaux dans la presse professionnelle (« Phytos : redorer l'image », dans le n° juillet-août 2004 de *Agrodistribution*, par exemple).

[3] Citons, par exemple, le Baromètre 2004 réalisé par l'Institut de radioprotection et de sûreté nucléaire (IRSN) : 63 % des personnes interrogées classent les pesticides comme étant à l'origine de situations à niveau élevé ou très élevé de risque ; 12 % seulement pensent qu'« on leur dit la vérité » concernant les pesticides, et 14 % ont confiance dans les autorités.

2

Risques en santé humaine et environnement : la convergence des problématiques

De nombreux secteurs sont aujourd'hui concernés par la nécessité de reconsidérer leur appréhension du risque et sa gestion. Beaucoup de débats portent sur le principe de précaution, qui s'applique en cas d'incertitude sur l'existence même du risque… Mais les situations sont bien plus nombreuses où, les risques étant avérés, il s'agit d'appliquer des règles de prévention dans les décisions de gestion, et d'imputer aux acteurs économiques la responsabilité et le coût des effets, même indirects, de leurs actions.

Les limites du curatif et la nécessité de la prévention

La médecine humaine est actuellement confrontée à la perte d'efficacité de nombreux antibiotiques, qui nécessite leur utilisation plus limitée et raisonnée, et un retour à des pratiques plus rigoureuses d'hygiène. Par ailleurs, la reconnaissance du caractère multifactoriel de nombreux désordres métaboliques et maladies conduit à préconiser une prévention relevant souvent de l'hygiène de vie. Prévention et hygiène reposent sur la combinaison d'actions à la fois contraignantes, ne bénéficiant pas d'une image *high-tech* et générant peu de marchés lucratifs… Cette démarche (si ce n'est les moyens de la mettre en œuvre) fait néanmoins consensus dans le domaine médical. Une logique similaire semble pertinente en « santé des cultures », pour gérer la perte d'efficacité des pesticides et privilégier la prévention par la mise en œuvre de conditions de culture qui réduisent les risques de développement des bioagresseurs.

La prise en compte des risques « naturels » par les gestionnaires

Divers événements récents liés à des risques qualifiés de « naturels » (inondations, tempête, sécheresse, canicule…) ont conduit à s'interroger davantage sur les facteurs qui aggravent les effets de ces phénomènes et sur les responsabilités en jeu. Ainsi, les inondations « catastrophiques » apparaissent dues à la conjonction de précipitations exceptionnelles, d'occupations du sol qui favorisent le ruissellement et de constructions en zone inondable. Ces analyses conduisent à se référer à l'existence de cas précédents pour mettre en cause la gestion pratiquée, qui doit tenir compte des risques avérés. En agriculture aussi, la question de la gestion des risques naturels et de la vulnérabilité des systèmes de production vis-à-vis de tels aléas est posée. Sont concernés les risques climatiques mais aussi les risques sanitaires ou de pollution, qui dépendent en partie d'événements aléatoires, mais doivent être intégrés à la gestion courante.

Intégration des « effets externes » des activités économiques

De nombreux secteurs économiques se sont développés sans intégrer tous les coûts « externes » de leur activité, et notamment les pollutions, ni tenir compte de la raréfaction prévisible de certaines ressources. Actuellement, il leur est de plus en plus demandé d'intégrer tous les coûts de leurs activités pour la société actuelle, voire pour les générations futures. Ainsi, la tendance est à facturer aux consommateurs/usagers le coût réel des produits ou services qu'ils utilisent (prix de l'eau intégrant les dépenses d'épuration, par exemple), à appliquer le principe pollueur-payeur et à inciter à économiser certaines ressources par des taxations substantielles (taxation des carburants, par exemple). L'application de ces principes à l'agriculture est dorénavant à l'ordre du jour, qu'il s'agisse des pollutions d'origine agricole ou du coût de certains intrants.

l'homologation des nouvelles molécules, et programmé le réexamen des anciennes ;
– la Directive cadre sur l'eau (2000/60/CE) ; adoptée en 2000, elle fait obligation aux États membres d'atteindre en 2015 un « bon état » chimique et écologique de leurs masses d'eau superficielles, et un « bon état » chimique des masses d'eau souterraines.

Ce dispositif devrait être prochainement complété. En 2002, la Commission européenne a adopté la communication « Vers une stratégie thématique concernant l'utilisation durable des pesticides » (COM-2002-349), document qui analyse la situation actuelle et énonce les mesures (cf. annexe p. 132) qui pourraient être adoptées au titre de cette stratégie. En 2005, ces propositions ont fait l'objet d'une consultation des parties prenantes, et un projet de Directive cadre sur les pesticides (DCP) devrait être présenté en 2006.

Plusieurs pays européens se sont déjà engagés dans des programmes chiffrés de réduction d'utilisation des pesticides (dès 1986 pour le Danemark et la Suède, en 1991 pour les Pays-Bas, 1998 pour la Norvège...), même si tous n'ont pas abouti aux résultats escomptés (cas des Pays-Bas, par exemple).

La question de la viabilité des systèmes dépendants des pesticides

Des interrogations se développent également concernant la durabilité agronomique des systèmes de production agricoles « intensifs », qui sont confrontés à une réduction du nombre de substances actives (SA) pesticides disponibles et efficaces. Cette réduction résulte :
– du développement des résistances aux pesticides de la part des bioagresseurs cibles ;
– de la non-réhomologation d'un certain nombre de molécules (substances actives présentant des risques (éco)toxicologiques jugés trop importants, ou déjà très présentes dans les eaux, ou non soutenues par les firmes qui ont estimé que le marché potentiel du produit ne justifiait pas le coût du dossier). Les substances actives autorisées en Europe sont ainsi passées de 800 en 1990 à 489 en 2004 ; leur nombre va probablement encore être réduit à court terme (2010), pour se situer entre 350 et 400 SA ;
– du coût croissant de développement et d'homologation de nouveaux produits, qui induit un ralentissement des autorisations de mise sur le marché (AMM), notamment pour les cultures « mineures ».

La question d'une fragilisation de ces systèmes se pose également au niveau économique, pour des productions à la fois fortes utilisatrices de pesticides, sensibles pour le consommateur (aliments frais jouissant d'une image « santé », produits sous signe de qualité) et sujettes à des crises de surproduction et/ou à une forte concurrence. Fruits frais et vin notamment sont ainsi exposés aux risques de « crise sanitaire » ou à des pertes de marchés à l'exportation, vers des pays dont les consommateurs sont plus sensibles aux conditions environnementales de production.

Les réponses françaises

Les mesures législatives et réglementaires

L'évolution des textes est liée à la transposition des directives européennes dans la législation française (projet de loi sur l'eau et les milieux aquatiques, par exemple). Concernant la réduction des pollutions par les pesticides, l'accent a été mis jusqu'à présent sur les conditions de stockage et manipulation des produits, la mise en place de la collecte et de l'élimination des emballages vides de produits phytosanitaires (EVPP) et produits phytosanitaires non utilisés (PPNU), et la gestion des fonds de cuve qui devront être dilués et épandus sur la parcelle traitée (réglementation en préparation). Le ministère chargé de l'Agriculture tente également d'encadrer l'utilisation de mélanges de pesticides lors de l'application.

Des actions volontaires

En complément, les pouvoirs publics mettent en place ou soutiennent des actions fondées sur le volontariat, que la profession agricole défend comme le meilleur moyen d'évoluer vers des pratiques agricoles plus respectueuses de l'environnement. L'action des pouvoirs publics consiste alors à soutenir la mise au point de « techniques alternatives », voire à fournir des incitations financières pour leur adoption.

Citons par exemple : la création des groupes régionaux « Phytos », chargés d'établir le diagnostic des zones à risques de la région, et d'animer des actions de réduction des pollutions phytosanitaires sur des bassins versants pilotes (222 pour toute la France) ; les mesures agri-environnementales (MAE) ; la démarche « agriculture raisonnée »…

Le Plan interministériel de réduction des risques liés aux pesticides

Ce plan, qui constitue une préfiguration des plans nationaux qui seront demandés aux États par la future Directive cadre sur les pesticides, devrait être rendu public fin 2005[4]. Il récapitule et ordonne, en une série d'« actions », les mesures prises ou prévues au niveau réglementaire ou législatif (dans le cadre des futures Loi sur l'eau et les milieux aquatiques et Loi d'orientation agricole), et donne des orientations sur les actions qu'il conviendrait de poursuivre et/ou de développer (l'action des groupes régionaux « Phytos », par exemple).

---

[4] Une version provisoire de ce Plan (datée du 17/11/2004) a été présentée publiquement et soumise à débat, au début de l'année 2005.

Les enjeux actuels et les échéances proches

La mise en œuvre de la Directive cadre sur l'eau

La DCE entre en vigueur par étape, avec en 2005 l'inventaire des « masses d'eau » et l'évaluation de leur qualité. Cette première phase a permis de constater qu'un pourcentage important des masses d'eau françaises risque de ne pas atteindre en 2015 le « bon état » visé en raison des contaminations par les pesticides. La directive prévoit que les États membres soumettent avant 2010 leur plan national de mesures à mettre en œuvre pour obtenir ce bon état.

Les évolutions de la Politique agricole commune

La révision adoptée en 2003 a instauré une conditionnalité des aides accordées dans le cadre du premier pilier de la Pac (respect des directives en vigueur et de bonnes conditions agricoles et environnementales, BCAE) ; ces exigences environnementales générales devraient être progressivement renforcées. Un rééquilibrage en faveur du second pilier est également annoncé ; la préparation du nouveau Plan de développement rural (2007-2012) doit débuter prochainement.

Des évolutions plus rapides et brutales ne peuvent pas non plus être exclues : la contestation, par certains États membres, du poids de la Pac dans le budget de l'Union et de la répartition des aides entre les pays, laisse penser que le maintien de la Pac jusqu'en 2013, négocié par la France en 2002, pourrait être remis en cause à plus brève échéance. La Pac est également attaquée, pour son régime de soutien interne et ses aides à l'exportation, dans le cadre des négociations à l'Organisation mondiale du commerce (OMC), qui pourraient conduire à modifier les aides aux exploitations, le cours et les débouchés de certains produits agricoles.

La mise en œuvre de la stratégie européenne d'utilisation durable des pesticides et du Plan « Pesticides » français

Si les projets de directives et règlements de la Commission européenne et le contenu définitif du plan français ne sont pas encore connus, certains points semblent acquis : mise en place de dispositifs de suivi et contrôle des ventes de pesticides, élaboration d'indicateurs pour l'évaluation des politiques retenues…

La question des risques liés à une forte utilisation des pesticides est posée depuis 20 ans. Les mesures prises en France jusqu'à présent concernent surtout la santé des utilisateurs et la réduction des pollutions ponctuelles dues à de mauvaises pratiques. Elles s'attaquent encore peu aux pollutions diffuses et au niveau élevé de consommation de pesticides. La réduction de l'utilisation des produits phytosanitaires est pourtant désormais mise en avant dans les politiques « santé-environnement », demandée par les associations de consommateurs et de protection de l'environnement et mise en œuvre dans quelques (rares) pays de l'Union.

1

Diagnostic

La première étape de l'expertise a consisté à faire un état des lieux des connaissances disponibles sur la situation actuelle, c'est-à-dire sur les utilisations de pesticides, leurs effets et leurs déterminants.

Une utilisation des pesticides élevée mais très mal connue

Niveau et évolution des consommations nationales

Les consommations globales (agrégées)

Les chiffres disponibles sont les ventes annuelles déclarées par les principales firmes phytosanitaires, publiées par l'Union des industries de la protection des plantes (UIPP) pour la France (encadré 3).

Ces données très globales mettent en évidence la très forte consommation nationale de pesticides (utilisés à 90 % par l'agriculture). La France est le 1er consommateur européen (avec 34 % des quantités totales, en 2001). Elle occupe encore le 4e rang par la consommation rapportée au nombre d'hectares cultivés (hors prairies permanentes), avec 5,4 kg/ha, derrière le Portugal, les Pays-Bas et la Belgique.

Une tendance à la baisse entre 1999 et 2003 est souvent citée, mais cette réduction enregistrée des tonnages vendus est à interpréter avec précaution : l'année 1999 correspond à des ventes record (achats avant l'instauration de la TGAP en 2000) ; le développement des SA utilisées à très faible dose par hectare réduit les tonnages ; la pression parasitaire varie d'une année à l'autre (sécheresse 2003)… Les tonnages vendus ont d'ailleurs légèrement remonté en 2004. Par ailleurs, le seul raisonnement sur les quantités commercialisées ne permet pas de prendre en compte le risque présenté par ces substances pour l'environnement.

3

L'utilisation des pesticides

La France est le 3e consommateur mondial de pesticides et le 1er utilisateur en Europe avec une masse totale de 76 100 tonnes de substances actives vendues en 2004. Les fongicides représentent 49 % du volume, les herbicides 34 %, les insecticides 3 % et les produits divers 14 %.

Avant 1993, date de début de mise en œuvre de la Directive 91/414/CE, 800 substances actives (SA) d'origine végétale, minérale ou de synthèse pouvaient être utilisées en tant que pesticides en Europe. La réhomologation des SA et l'obligation d'inscription sur une liste positive européenne se traduit aujourd'hui par un retrait progressif de nombreux produits. En 2005, 489 SA, appartenant à environ 150 familles chimiques différentes, sont encore disponibles. Elles se répartissent, en fonction de leurs usages, en 165 fongicides, 139 herbicides, 95 insecticides, 11 nématicides et 79 produits divers. Ces SA sont formulées et commercialisées sous forme de préparations ou produits commerciaux : 6 000 environ sont homologués, mais environ 2 500 sont réellement distribués.

L'exploitation des données de consommations estimées à partir des chiffres des ventes des principales firmes phytopharmaceutiques fournit un premier niveau d'appréhension des pratiques d'utilisation des produits phytosanitaires et de leur évolution.

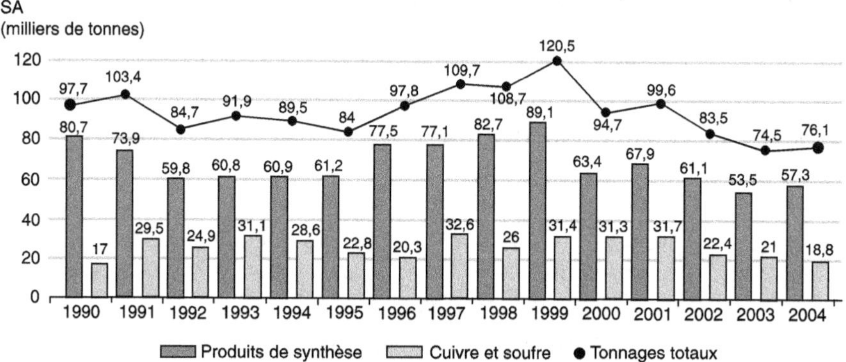

**Évolution des substances actives (en milliers de tonnes)
vendues en France entre 1990 et 2004**
(source : Union des industries de la protection des plantes – UIPP – *Les chiffres-clés 2004*)

**Substances actives phytosanitaires (en milliers de tonnes) vendues en France
entre 1999 et 2004 par grand type de produit (source UIPP).**

Année	1999	2000	2001	2002	2003	2004	2001/2004 Évolution (%)
Herbicides	42,462	30,845	32,121	28,780	24,510	26,102	-19
Fongicides	63,021	52,834	54,130	44,444	39,317	37,174	-31
dont cuivre et soufre	*31,628*	*31,360*	*31,692*	*22,382*	*20,973*	*18,755*	*-41*
Insecticides	3,612	3,103	2,488	2,316	2,223	2,469	-1
Divers	11,407	7,911	10,896	8,009	8,480	10,360	-5
Total hors cuivre et soufre	*88,874*	*63,333*	*67,943*	*61,167*	*53,557*	*57,350*	*-16*
Total	**120,502**	**94,693**	**99,635**	**83,549**	**74,530**	**76,105**	**-24**

Après une augmentation lente et régulière dans la seconde moitié des années 1990, les quantités totales de substances actives phytosanitaires vendues amorcent une diminution à partir de 2001 : elles passent de 99 600 tonnes en 2001 à 76 100 tonnes en 2004, soit une baisse globale de 24 % sur le total des produits phytosanitaires (-16 % hors cuivre et soufre). Cette diminution de consommation concerne surtout les fongicides (31 %) et les herbicides (19 %).

Cette tendance à première vue encourageante est cependant à nuancer par :

– l'apparition de nouvelles molécules s'utilisant à de très faibles doses par hectare et l'interdiction ou la limitation d'usage des substances actives dont la dose d'emploi homologuée est élevée ;

Les productions les plus consommatrices

Un nombre restreint de cultures (céréales à paille, maïs, colza et vigne), qui occupent moins de 40 % de la surface agricole utile (SAU) nationale, utilisent à elles seules près de 80 % des pesticides vendus en France chaque année. En 1998, l'arboriculture fruitière (1 % de la SAU) représentait en valeur 4 % du marché national des fongicides, et 21 % du marché des insecticides.

Occupation du territoire et consommation de pesticides pour quelques cultures

Cultures	% de la SAU française	% de la consommation totale de pesticides	% par type de produit
Céréales à paille	24	40	60 (fongicides)
			35 (herbicides)
Maïs	7	10	75 (herbicides)
Colza	4	9	
Vigne	3	20	80 (fongicides)
Ensemble	38	79	

Données 2000, sources SCEES, UIPP.

Pratiques phytosanitaires

Les pratiques de protection phytosanitaires mises en œuvre par les agriculteurs sont en réalité encore très mal connues. Il existe très peu de données accessibles ; celles collectées par les acteurs économiques (enquêtes réalisées par les coopératives…) ne le sont pas. La seule source pluriculture disponible, mais peu exploitée, est constituée par les enquêtes « Pratiques culturales » réalisées par le Service central des enquêtes et études statistiques (SCEES) en 1994 (pour 10 cultures) et en 2001 (12 cultures), sur respectivement 9 000 et 21 000 parcelles. Pour les productions fruitières, il existe une enquête « Vergers » quinquennale qui recueille certaines données sur la protection phytosanitaire (non encore publiées pour l'enquête 2002).

Il existe très peu d'informations disponibles (importance, efficacité technique, résultats économiques…) concernant les systèmes économes en pesticides.

Cultures annuelles

D'après l'enquête SCEES 2001, le nombre moyen de traitements annuels est de 6,6 pour le blé, 3,7 pour le maïs et 6,7 pour le colza (malgré des conditions climatiques particulièrement favorables à une faible pression parasitaire).

La seule analyse nationale des enquêtes SCEES publiée, qui concerne les cultures de blé et de maïs, montre une tendance à une réduction de la dose par hectare de chaque produit utilisé, mais aussi à un accroissement du nombre de traitements par culture entre 1994 et 2001.

4

Blé tendre : les conditions de production actuelles en France[5]

Stratégie visant une production élevée

En 2001, le blé est implanté encore majoritairement après labour ou travail du sol profond (17 % des surfaces sont implantées sans labour en 2001, contre un peu moins de 12 % en 1994). Cette culture reçoit en moyenne 175 unités d'azote en 3 apports et 6,6 traitements phytosanitaires[6] (dont 2,3 désherbants) ; 16 % des surfaces reçoivent plus de 6 traitements phytosanitaires (hors désherbage). Le rendement moyen 2001 est de 70 q/ha.

Ces données 2001 montrent une augmentation moyenne de plus de 3 traitements par rapport à 1994, due à au moins un traitement de plus en désherbage (en grande partie expliqué par l'hiver doux et pluvieux favorable aux levées d'adventices) et pour les fongicides. Elle est associée à un recours beaucoup plus fréquent aux mélanges de produits et à une réduction des doses par hectare traité pour de nombreuses substances actives (appliquées éventuellement à des doses très en deçà des doses homologuées).

L'enquête révèle également, concernant les conduites mises en œuvre par les agriculteurs, une prépondérance de la stratégie « productive raisonnée », fortement dépendante de l'utilisation de pesticides.

Stratégie future en matière de conduite du blé tendre, en part de la superficie (Agreste, 1996)

Recherche d'un rendement maximal (%)	Recherche d'un rendement élevé, en raisonnant les techniques pour limiter les coûts (%)	Recherche d'une diminution de toutes les dépenses, quitte à diminuer le rendement (%)
8,5	**84,8**	**6,7**
(5,5 à 16,4)	*(78 à 92,3)*	*(2,2 à 11,1)*

Les chiffres en **gras** indiquent la moyenne toutes régions confondues ; la fourchette en *italique* indique l'amplitude des moyennes régionales.

---

[5] D'après les données de l'enquête SCEES « Pratiques culturales » 2001, 4 195 parcelles « enquêtées » correspondant à une surface extrapolée de 4,3 Mha réparties dans 21 régions administratives. 2001 est une année « calme » sur le plan parasitaire, mais les rendements de la campagne céréalière ont été affectés par des conditions climatiques humides, peu favorables à l'implantation.

[6] Un traitement désigne l'usage d'un produit phytosanitaire (spécialité à base de une ou plusieurs matières actives) appliqué en un passage.

Corrélation entre rendement et nombre de traitements

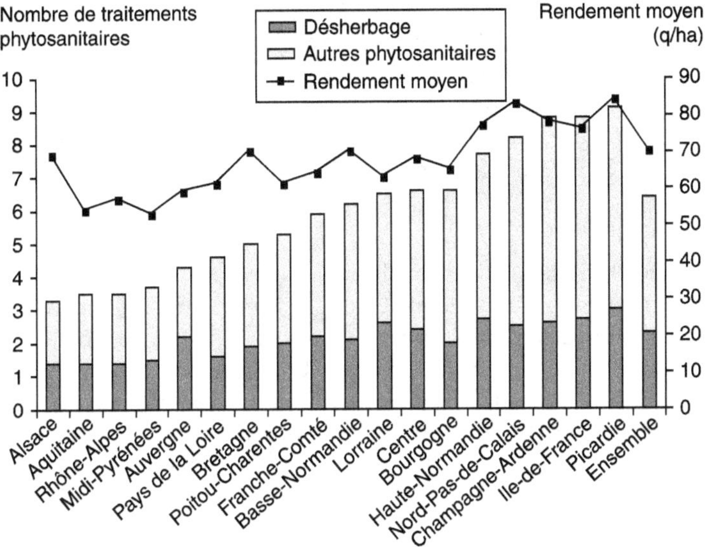

L'enquête SCEES 2001 révèle une grande variabilité des pratiques sur blé selon les régions, avec un nombre de traitements moyen variant de 3,4 en Alsace à 9 en Picardie. Le graphique met en évidence une relation entre niveau d'intensification et potentialités : les régions à fort potentiel (Champagne-Ardenne, Picardie, Ile-de-France...) sont aussi celles qui ont le nombre moyen de traitements le plus élevé. Une grande variabilité est également observable à l'intérieur de chaque région.

Précédents culturaux : une simplification avérée des rotations

La comparaison entre les données de 1994 et 2001 illustre la tendance forte à une simplification des rotations : augmentation très importante des blés de colza (25 % des surfaces en blé en 2001 soit +108 %) et des blés de céréales à paille (19 % soit +48 %) ; diminution parallèle des blés à précédents culturaux « autres » (-41 %). Les 5 cultures (céréales à paille, maïs grain et fourrage, colza, tournesol) qui représentaient 56 % des précédents de blé en 1994, en représentent 74 % en 2001.

Les décisions de traiter

L'enquête SCEES comprend une question sur les raisons des choix de traitements (« habitude », « recommandations techniques » ou « observations », réponses non exclusives). En 1994 (données non publiées pour 2001), les agriculteurs ont déclaré, dans un quart à un tiers des situations, que leurs choix de traitements relevaient d'« habitudes », pratiques par définition peu évolutives (situation assimilable à un programme de traitement systématique). Il existe une disparité forte de ces habitudes de traitements selon les cultures et les régions, sans que cette disparité se traduise forcément dans les faits par des pratiques de traitements différentes.

L'enquête 2001 révèle de fortes disparités entre régions, variables selon les cultures. Sur blé (encadré 4 p. 24), culture pour laquelle le nombre moyen de traitements varie de 3,4 en Alsace à 9 en Picardie, il apparaît une nette corrélation positive entre ce nombre de traitements et le rendement. La compréhension de cette variabilité intraculture des pratiques sanitaires et de leur relation avec les rendements enregistrés nécessiterait une analyse plus détaillée, et notamment la mise en relation des pratiques phytosanitaires avec les conditions de milieu et l'ensemble de l'itinéraire technique.

Cultures pérennes

Le verger de pommiers, qui est le plus étendu, est aussi le plus traité : en 1997, il recevait en moyenne 17,6 traitements fongicides et 10,5 traitements insecticides/acaricides par an. Les moyennes régionales peuvent être nettement supérieures avec, par exemple, 24 applications fongicides en Limousin, ou 9 à 13 traitements insecticides contre le seul carpocapse en région Paca. En 1997, 12 % des arboriculteurs français déclaraient avoir recours à la production intégrée, 37 % à des comptages visuels et/ou piégeages et 43 % à des traitements systématiques.

La vigne (3,7 % de la SAU, 20 % de la consommation nationale de pesticides, 30 % des fongicides) fait l'objet d'une vingtaine de traitements par an, dont une majorité de pulvérisations de fongicides.

L'importance de la prescription

La prescription joue un rôle central dans les décisions des agriculteurs en matière d'utilisation des pesticides, beaucoup plus que pour d'autres éléments de l'itinéraire technique (travail du sol, fertilisation, choix variétal...). Ces prescriptions sont généralement une affaire de spécialistes, qui posent donc, indépendamment les uns des autres, des diagnostics concernant le désherbage, les traitements contre les maladies ou contre les ravageurs. Les outils d'aide à la décision disponibles (cf. infra) sont utilisés pour décider ou non d'un traitement ou d'une date, mais ils ne sont pas conçus pour, en amont, mettre en place des conditions qui permettent d'éviter certains risques et donc de s'affranchir de certains traitements.

Le conseil en protection phytosanitaire est aujourd'hui majoritairement dispensé par les agents commerciaux des coopératives qui vendent les pesticides et sont intéressées à la fois à vendre davantage d'intrants (doses de semences, engrais, pesticides...) et à collecter un volume de récolte maximal, c'est-à-dire à maintenir des systèmes intensifs.

La question des indicateurs d'intensité d'utilisation des pesticides

Cette question des indicateurs est récurrente : toutes les réflexions sur des politiques de régulation de l'utilisation des pesticides mentionnent cette nécessité de disposer d'indicateurs pour déterminer une politique puis en suivre les effets. Ainsi, le Plan « Pesticides » (action 27 de la version du 17 novembre 2004) propose de « fixer un objectif d'amélioration des pratiques, en utilisant des indicateurs et en s'appuyant sur un référentiel des bonnes pratiques phytosanitaires ainsi que sur une analyse approfondie des pratiques existantes ».

Il convient de distinguer les indicateurs de consommation de pesticides et les indicateurs de risques ou d'impacts, qui seront eux abordés plus loin (cf. p. 41).

Indicateurs globaux

Ni le nombre de traitements phytosanitaires, ni les quantités de pesticides commercialisées ou utilisées ne constituent un indicateur très pertinent pour caractériser la consommation de pesticides et son évolution.

L'exemple des Pays-Bas confirme les limites de ce dernier critère : le pays s'était engagé dans un programme visant une réduction de 50 % des tonnages consommés ; l'objectif a été atteint, mais la baisse a été analysée *a posteriori* comme principalement due à la suppression de désinfectants du sol employés à fortes doses par hectare.

Faisant le même constat, le Danemark (cf. encadré 20 p. 98) a adopté comme indicateur de suivi des effets de sa politique, un indice de fréquence de traitements, le *Treatment frequency index* (TFI), défini comme le nombre de doses homologuées appliquées en moyenne sur la SAU totale du pays, tous pesticides confondus. Le TFI fournit une première approche de l'intensité du recours aux pesticides, intégrant dans son calcul la dose d'utilisation. En revanche, le « profil environnemental » de la spécialité n'est pas pris en compte (comportement des molécules dans l'environnement, écotoxicité).

Indicateurs concernant les pratiques phytosanitaires

La connaissance des pratiques se résume aujourd'hui au mieux à une analyse statistique du nombre de traitements, qui ne permet évidemment pas une compréhension des logiques mises en œuvre, ni l'identification de grands types de conduite à l'échelle du système de culture et de la région. Si l'on souhaite pouvoir connaître les pratiques et suivre leur évolution, il serait nécessaire de les analyser à l'échelle du système de culture, et donc de disposer de suivis pluriannuels de parcelles, ce qu'aucun dispositif ne permet actuellement.

Une piste serait à explorer : la valorisation des enregistrements de pratiques[7], rendus obligatoires dans de nombreuses démarches de la profession et jusqu'à présent peu utilisés par les agriculteurs eux-mêmes ou leurs conseillers. Une valorisation (anonyme) départementale et nationale de ces données serait à envisager, pour produire une connaissance peu différée dans le temps des pratiques du moment, et favoriser ainsi une certaine réactivité des acteurs.

---

[7] En 2001 (enquête SCEES), sur blé, 85 % en moyenne des agriculteurs déclarent enregistrer leurs pratiques phytosanitaires (95 % dans les régions de grande culture).

La nécessité reconnue d'une meilleure connaissance des pratiques se traduit actuellement par une réflexion sur la conception de dispositifs tels que des « observatoires des pratiques agricoles et des systèmes de production », projets soumis dans le cadre des appels d'offre de l'Agence de développement agricole et rural (Adar) et du programme fédérateur « Agriculture et développement durable » interorganisme (ADD), piloté par l'Inra.

> Le premier obstacle à une connaissance de l'utilisation des pesticides est la faiblesse des données disponibles. Par exemple, les informations spatialisées nécessaires pour mettre en relation l'utilisation de pesticides et la contamination des milieux ou identifier les sources majeures de pollution n'existent pas ou ne sont pas disponibles. Cette situation devrait évoluer puisque la mise en œuvre de la stratégie thématique européenne prévoit l'instauration d'un règlement relatif à la collecte des données (défini par Eurostat).
>
> Le second obstacle est le manque d'indicateur(s) simple(s) de l'utilisation de pesticides et de son évolution. Le choix du ou des indicateur(s) dépend fortement de l'objectif poursuivi (suivi des effets de politiques, caractérisation des utilisations, estimation des impacts…). Plus cet objectif est proche des performances environnementales (impact) et plus l'indicateur retenu doit intégrer dans sa construction des variables qui concernent les caractéristiques des produits utilisés et des milieux récepteurs. Il s'éloigne par là même des qualités d'outil opérationnel et rapide à mettre en œuvre attendues des indicateurs. À l'inverse, si l'indicateur est trop simpliste (nombre de traitements par hectare, par exemple), il nécessite d'autres descripteurs pour limiter les interprétations erronées. Un effort est à produire pour proposer une liste d'indicateurs précisant leur pertinence en fonction des utilisations pressenties, et leur mode d'emploi (dont les conditions d'interprétation).

Une contamination des milieux et une dégradation des écosystèmes avérées mais inégalement quantifiées

Au début des années 90, en particulier sous l'impulsion donnée par l'application en droit français de la Directive CEE 80-778 relative à l'eau potable, des dispositifs de surveillance de la qualité des eaux ont été mis en place, et de nombreux travaux scientifiques et techniques ont été entrepris pour mieux décrire et comprendre les transferts des pesticides dans l'environnement ainsi que, dans une moindre mesure, leurs impacts sur des organismes non visés par leur utilisation. Les références scientifiques et les données de contamination sont donc nettement plus nombreuses pour l'eau que pour les autres compartiments de l'environnement.

Contamination des milieux

La « contamination » est définie comme la présence anormale de substances, micro-organismes… dans un compartiment de l'environnement. Pour tous les pesticides de synthèse, on peut donc parler formellement de contamination y compris pour les sols agricoles, même si la présence de pesticides y est attendue et volontaire (ce qui n'est pas le cas pour les milieux aquatiques, par exemple). Le terme de « pollution » désigne la présence de substances au-delà d'un seuil pour lequel des effets négatifs sont susceptibles de se produire.

Contamination des eaux superficielles et souterraines

Les eaux continentales sont les milieux pour lesquels les données sont les plus nombreuses, et font l'objet d'une compilation annuelle par l'Institut français de l'environnement (Ifen). Ces données mettent en évidence une contamination quasi-généralisée des eaux de surface et des eaux souterraines par les pesticides, et la prépondérance des herbicides parmi les molécules les plus fréquemment détectées (du moins à l'échelle des « masses d'eau » au sens de la DCE).

Une contamination significative peut être générée par des pertes en pesticides très faible : une fuite de moins de $1/1000^e$ de la masse d'herbicide épandue sur une parcelle peut suffire, par exemple, pour contaminer l'eau qui s'en écoule au-dessus du seuil de potabilité.

Les données collectées ne permettent toutefois pas de quantifier avec précision les niveaux de contamination, ou de calculer l'exposition des organismes. Elles sont en effet souvent :
– très hétérogènes et difficilement comparables, car produites par des réseaux de suivi divers (ayant des objectifs différents : surveillance de l'eau potable, suivi de bassin versant…), avec des méthodes analytiques et des listes de molécules recherchées différentes… ;
– non représentatives, car les prélèvements sont peu fréquents, et ne permettent notamment pas la détection des pics de pollution ;
– très incomplètes, puisque les molécules suivies sont surtout des molécules-mères (les métabolites ou les molécules-mères employées à faible dose ne sont généralement pas recherchés de façon systématique), et que les interactions possibles entre les substances ne sont pas prises en compte ;
– peu adaptées pour des études écotoxicologiques, la présence d'une substance n'étant pas nécessairement indicatrice de sa biodisponibilité, et la mesure de contamination n'étant jamais assortie de mesures d'impact.

Concernant les eaux marines côtières et les zones de transition, la connaissance de la contamination est très partielle, voire inexistante pour les substances autres que certains pesticides organochlorés, alors que ces milieux doivent être pris en compte dans le cadre de la mise en œuvre de la DCE.

Contamination de l'air

Des études émanant de divers groupes de recherche ont été menées en France depuis la fin des années 80 et se poursuivent à l'heure actuelle. Des réseaux de surveillance gérés par des Associations agréées pour la surveillance de la qualité de l'air (AASQA) ont commencé à réaliser des mesures, notamment dans le cadre de projets soutenus par l'Agence de l'environnement et de la maîtrise de l'énergie (Ademe), mais les données restent fragmentaires (campagnes de suivi ponctuelles dans le temps et dans l'espace) et les listes de molécules suivies sont limitées.

Les premières données permettent de constater la présence de pesticides dans toutes les phases atmosphériques, en concentrations variables dans le temps (caractère parfois saisonnier, lien avec les périodes d'application) et l'espace (proximité des sources) ; même des composés peu volatils ou interdits (lindane par exemple) sont parfois détectés.

Les difficultés méthodologiques sont nombreuses : absence jusqu'à présent de normes de prélèvements (en cours de définition), difficultés d'analyse (les concentrations étant relativement faibles, la partition gaz/particules restant difficile à estimer de manière fiable…), interprétation des observations (mise en relation avec les usages, corrélation avec les propriétés physico-chimiques…). Il convient toutefois de noter la mise en place, ces dernières années, de groupes de travail à l'échelle nationale sur ce sujet.

Contamination des sols

Il n'existe pas de dispositif équivalent à ceux relatifs à l'eau et à l'air pour la caractérisation de la contamination des sols par les pesticides. La pollution chronique par certaines substances minérales (cuivre) et l'existence éventuelle de « résidus liés » (c'est-à-dire non extractibles par les méthodes classiques d'analyse) pose la question du risque environnemental à long terme, notamment dans le cas d'une réallocation des terres agricoles à d'autres usages.

Ce risque est illustré par le cas du chlordécone, utilisé de 1972 à 1993 pour la lutte contre le charançon de la banane, en Guadeloupe et en Martinique : resté stocké dans les sols, il pollue actuellement (et sans doute encore pour des décennies) les eaux et peut contaminer les productions dans certaines zones.

Interprétation des données

L'interprétation des données de contamination fait appel à des valeurs de référence. Pour les milieux aquatiques par exemple, celles-ci sont identiques pour toutes les substances. Ce sont essentiellement celles retenues pour les normes de potabilité (0,1 μg/l en général pour chaque substance, 0,5 μg/l pour l'ensemble des substances) qui sont utilisées, alors que les propriétés toxicologiques et écotoxicologiques des pesticides sont souvent très différentes. La comparaison de ces valeurs de référence avec les concentrations prédites sans effet (*Predicted no effect concentrations* ou PNEC, dont certaines sont encore provisoires) déterminées lors de l'évaluation du risque écotoxicologique des pesticides pour les milieux aquatiques montre que pour près de 20 % des substances (31 sur 163, essentiellement des insecticides et des herbicides) les PNEC pour les milieux aquatiques sont inférieures ou égales à 0,1 μg/l.

> Il existe plusieurs raisons ou obligations de disposer d'un suivi des contaminations : pour l'estimation de l'exposition des populations humaines (air, sols, eaux de boisson, aliments), pour la mise en œuvre d'un dispositif post-homologation des pesticides, pour une surveillance de l'état des masses d'eau conforme aux engagements prévus dans le cadre de la DCE... Or, les dispositifs actuels (embryonnaires pour l'air, hétérogènes pour les eaux) ne permettent pas de collecter l'ensemble des données nécessaires[8].
>
> Par ailleurs, le sol étant le compartiment-clé (puits et source) pour les autres compartiments de l'environnement, des informations sur les stocks de pesticides dans les sols et leur évolution seraient nécessaires.

---

[8] Signalons la création de l'Observatoire des résidus de pesticides (ORP), dont les missions seront à terme de rassembler, en vue de leur valorisation, les informations et résultats des contrôles et mesures de résidus de pesticides dans différents milieux et produits consommés par l'homme, d'estimer les niveaux d'exposition des populations et d'identifier les actions permettant d'améliorer les systèmes d'information et notamment la nature et le format des données collectées.

5

La dispersion des pesticides dans l'environnement

Pertes lors de l'application

Lors de l'application, les pertes en direction des différents compartiments de l'environnement varient suivant l'état de développement des cultures, le réglage du pulvérisateur, la composition de la bouillie pulvérisée et les conditions météorologiques (les valeurs mentionnées dans la figure ci-dessous ne sont qu'indicatives). Les possibilités d'amélioration sont multiples, mais elles seront toujours difficiles à mettre en œuvre car leur résultat ne sera jamais facile à visualiser. Compte tenu de la géométrie de la végétation, et des difficultés de traitement qui en résultent, les gains seront plus importants en cultures pérennes qu'en cultures annuelles basses.

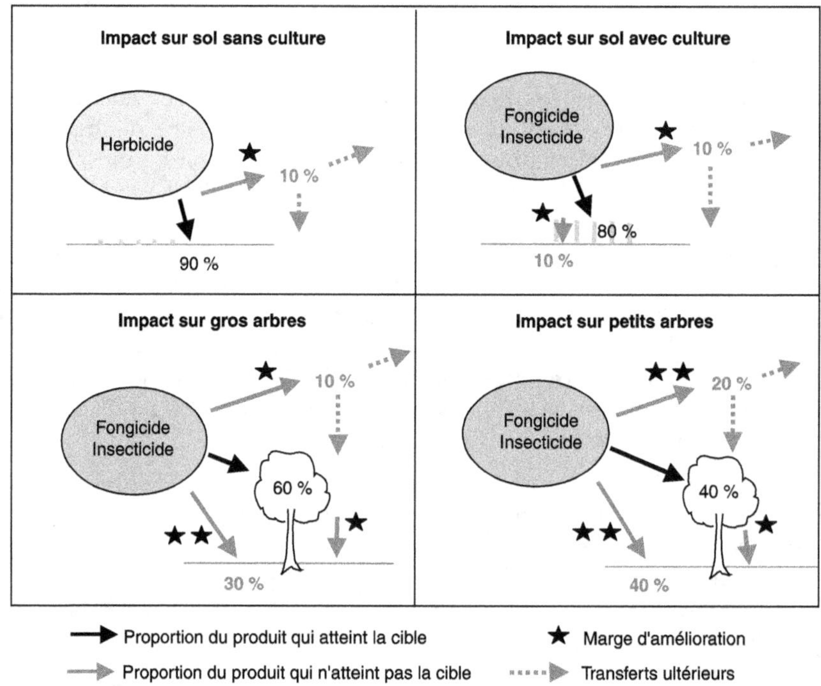

Voies et mécanismes de dispersion dans l'environnement

Les mécanismes de dispersion sont très nombreux et dépendent principalement du couvert végétal, des caractéristiques du sol, du fonctionnement hydrologique, et donc des substrats géologiques et des conditions climatiques pendant et après l'application, et de la composition des produits épandus. Alors qu'ils peuvent jouer un rôle important, les mécanismes de volatilisation sont encore peu connus car difficiles à mesurer. Ainsi, compte tenu de la grande variabilité des mesures de terrain, les approches par modélisation s'avèrent nécessaires pour quantifier correctement les niveaux d'exposition des différents compartiments de l'environnement.

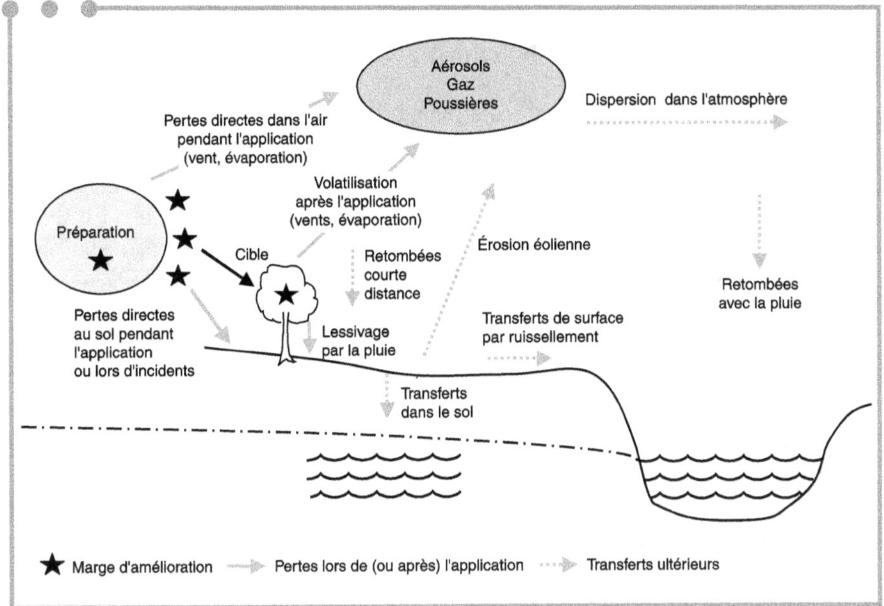

Devenir et dispersion des pesticides dans l'environnement

Distribution entre compartiments dans la parcelle traitée

On dispose de peu de références sur les pertes à l'épandage, mais on sait que les pourcentages de SA n'arrivant pas sur leurs cibles (des organes végétaux, le plus souvent) peuvent être très importants, en fonction du type de pesticide, de la technique d'application et du développement du couvert végétal (encadré 5 p. 32). Par exemple, en pulvérisation sur le feuillage, ces pourcentages peuvent atteindre 10 à 70 % de pertes vers le sol et 30 à 50 % vers l'air. Lors d'une fumigation du sol, 20 à 30 % de pertes dans l'air peuvent se produire selon le bon respect ou non des règles d'application.

Le lessivage foliaire vers le sol peut ensuite concerner quelques pour cent du pesticide appliqué sur le couvert végétal. La volatilisation, pour des applications au sol ou sur plante, représente de quelques dixièmes à quelques dizaines de pour cent de la dose appliquée selon les composés, les conditions pédo-climatiques et les techniques culturales.

Dispersion atmosphérique

De nombreux travaux expérimentaux ont étudié les transferts atmosphériques qui ont lieu pendant les applications par pulvérisation, nommés « dérives ». Les facteurs impliqués sont identifiés (conditions météorologiques, modes d'application — hauteur de la rampe, par exemple…), et cette voie de transfert fait l'objet d'estimation pour les dossiers d'homologation. Cependant, une ambiguïté subsiste quant à la définition même de la dérive (elle est définie soit comme la différence entre la quantité sortant des buses et celle atteignant la cible, soit comme les quantités déposées à proximité de la parcelle) ; il reste difficile de comparer les résultats (en raison de l'utilisation de capteurs différents) et peu de connaissances existent sur l'évaporation des gouttelettes de spray. Des modèles de complexité variable ont été développés. Des études spécifiques (y compris en terme de modélisation) ont été réalisées pour certaines applications particulières (cas des épandages par hélicoptère ; voir l'expertise de l'Agence française de sécurité sanitaire environnementale ou récemment sur l'éventuelle dispersion de poussières d'enrobages de semences ou de granules.

En postapplication, l'attention portée à la dispersion et au dépôt à courte distance de la phase gazeuse issue de la volatilisation est relativement récente, et cette voie de transfert est encore peu renseignée. Des modèles existent, mais on dispose de peu de jeux de données pour les valider. À plus large échelle, le transport de certains pesticides à grande distance a été mis en évidence par leur détection dans des lieux éloignés de toute utilisation (montagnes, lacs…). Cependant, il est actuellement difficile d'estimer le potentiel de transport des pesticides, par méconnaissance des puits (dégradations dans l'atmosphère, dépôts secs, humides) et de la partition gaz/particules (qui influence la dégradation des composés et leur potentiel de transport). Quant à l'érosion éolienne depuis le sol ou la plante, ni son importance, ni les facteurs la gouvernant ne sont connus avec précision ; certains auteurs la considèrent comme faible, alors que d'autres estiment qu'il s'agit d'une voie de dissipation significative (pouvant être supérieure au ruissellement).

Rétention et dégradation dans le sol

Les processus de rétention des pesticides dans le sol réduisent leur mobilité et diminuent ainsi, au moins temporairement, leur transfert vers l'air ou l'eau. Pour les molécules non ionisées, la rétention augmente avec la teneur en matière organique du sol. Pour les autres molécules, polaires ou « ionisables », la prédiction de la rétention est plus délicate. La rétention évolue néanmoins dans le temps et peut devenir à peu près irréversible jusqu'à créer des résidus liés, non extractibles, dont on ne connaît ni la nature chimique exacte, ni la capacité de libération ultérieure.

Le processus de dégradation est un facteur de dépollution majeur des compartiments environnementaux contaminés par les pesticides, s'il aboutit toutefois à une minéralisation totale (lorsque ce n'est pas le cas, une pollution peut être causée par les métabolites issus de la dégradation). Il dépend de la stabilité chimique de la molécule et de facteurs abiotiques (température, humidité) et biologiques (microflore). Les traitements répétés d'un sol avec un même pesticide peuvent conduire à sélectionner une microflore adaptée qui accélère la dégradation dudit pesticide. Il existe une variabilité importante des vitesses de dégradation d'une molécule donnée, qui sont donc difficiles à prévoir avec précision.

Rétention et dégradation ne sont pas des phénomènes indépendants : la rétention conditionne la disponibilité des produits pour leur dégradation. En pratique, c'est le couple rétention-dégradation qui détermine la mobilité des substances.

Transports par ruissellement et percolation

La contamination des eaux diffère suivant la voie d'écoulement : elle est en général maximale, en terme de concentration instantanée en pesticides, pour le ruissellement, moyenne pour le drainage artificiel des sols, et moyenne à faible pour la lixiviation. Les pertes de la plupart des pesticides lors des phénomènes de ruissellement et d'érosion se font en solution, le transport particulaire n'étant important que pour les pesticides les plus retenus (hydrophobes ou peu solubles dans l'eau). Dans la plupart des cas, la réduction de l'érosion aura peu d'effets sur les pertes des pesticides et il est donc pertinent de chercher à réduire les flux de ruissellement.

Le risque maximal de contamination des eaux de surface correspond aux fortes averses qui se produisent peu de temps après l'application ou l'arrivée du produit au sol, c'est-à-dire quand la disponibilité de la substance est maximale dans le sol et que les états de surface du sol sont potentiellement dégradés ; les pertes durant ces quelques événements peuvent constituer la majorité de la contamination annuelle.

Pour la contamination des eaux souterraines, le risque est essentiellement lié au régime pluviométrique, à l'épaisseur de la zone non saturée, aux interactions nappes-rivières et à la nature et à la vitesse des écoulements à travers le sol et le sous-sol.

Cependant, le transport dans l'eau de certaines substances est parfois observé pendant plusieurs années après leur application, ce qui illustre le risque significatif de remobilisation de résidus fortement retenus sur la matrice du sol. C'est, par exemple, le cas du chlordécone dans les andosols de Guadeloupe.

Transferts hydrologiques aux échelles supraparcellaires

Les voies de circulation de l'eau et les quantités impliquées en terme de flux, entre parcelle agricole et bassin versant sont très diverses et variables d'un hydrosystème à un autre. La contamination des eaux de surface n'est pas uniquement due aux processus de ruissellement, et celle de la contamination des eaux de nappes, superficielles ou souterraines, aux seuls processus de percolation. Il existe, en effet, des échanges entre ces différentes voies de transfert.

Les dynamiques de contamination des eaux de surface à l'échelle d'un bassin versant peuvent être assez aisément mises en relation avec les pratiques agricoles à condition que celles-ci soient bien caractérisées. Elles montrent toutefois des variabilités temporelles importantes, avec des pics de pollution, qui posent des problèmes en terme de surveillance. Les dynamiques de contamination des eaux souterraines restent très mal connues ; les mécanismes et les temps de réponse à un changement de pression polluante sont faiblement identifiés.

Les difficultés de couplage des mécanismes et les limites actuelles de la modélisation

Les mécanismes de transfert vers les milieux aquatiques sont très étudiés, mais les recherches sont souvent limitées à l'échelle de la parcelle, à un type de milieu, centrées sur un processus particulier… Aussi, les mécanismes principaux sont connus, ainsi que leurs facteurs déterminants, mais leur expression et leur importance relative sont très dépendantes des conditions environnementales, souvent difficiles à formaliser, en particulier pour les phénomènes biologiques de dégradation. En outre, le couplage de l'ensemble des processus, pour plusieurs molécules et à des échelles plus larges que la parcelle, s'avère difficile. Les phénomènes ne sont quantifiés que pour quelques bassins versants très instrumentés. Un nœud de connaissance correspond à l'identification des mécanismes de transfert entre eaux de surface et eaux souterraines et au couplage des processus de dilution, rétention, transfert et dégradation sur les moyen et long termes.

Des modèles très complets décrivant la dynamique globale des pesticides sont disponibles et certains sont couramment utilisés pour l'évaluation des risques dans le cadre de l'homologation. Mais ils sont souvent limités à la description de la zone non saturée du sol et il y a très peu de jeux de données pour calibrer et valider ces modèles.

Bien que des progrès importants aient été accomplis sur les modèles de transfert de pesticides ces dernières années, les prédictions de ces modèles concernant les évolutions à long terme des contaminations à des échelles larges restent encore soumises à des incertitudes importantes.

Il existe, par ailleurs, très peu de données pour traiter la question, controversée, de la part relative des pollutions ponctuelles (cours de ferme, gestion des fonds de cuve des pulvérisateurs…) et diffuses (application agronomique), que ce soit en terme de contamination de l'environnement ou en terme d'impact.

Les mécanismes déterminant la disponibilité des pesticides dans les sols et leur transfert vers les milieux aquatiques sont globalement bien connus, mais il reste difficile de les quantifier, à la fois du fait des limites des connaissances et de la forte variabilité spatiale et temporelle des sites réactionnels responsables de la rétention, de l'expression des fonctions de dégradation, et des conditions de transfert. En conséquence, la hiérarchisation de l'importance des différents mécanismes dans une situation donnée sera inévitablement imprécise, ainsi que l'évaluation de l'efficacité des solutions correctives proposées suite à un diagnostic fondé sur ces connaissances. Cette limite des diagnostics (pratiqués notamment dans le cadre des actions des groupes régionaux « Phytos ») ne remet toutefois pas en cause l'intérêt de leur mise en œuvre : ils restent indispensables pour proposer des techniques qui « vont dans le bon sens ».

Impacts sur les écosystèmes

Effets sur les organismes et les écosystèmes

L'interdiction progressive des molécules les plus toxiques a supprimé les mortalités massives d'organismes non-cibles. Les effets directs (encadré 6) qui subsistent sont moins visibles, le plus souvent non létaux, plus difficilement détectables, mais ils peuvent fragiliser les populations (moindres performances de reproduction, vulnérabilité accrue à la prédation...). Les effets des pesticides se manifestent alors parfois longtemps après que l'exposition a eu lieu. Les effets directs des pesticides peuvent aussi entraîner des effets indirects, plus

6 Effets directs et indirects des pesticides

Les effets directs correspondent aux manifestations de la toxicité d'une substance pour une espèce sensible. Les effets indirects se produisent lorsqu'une espèce (ou un groupe d'espèces) est affectée par une substance alors que celle-ci n'est pas toxique pour l'espèce (ou le groupe d'espèces) en question. Il s'agit le plus souvent de la conséquence d'effets directs qui s'exercent sur d'autres organismes et qui se manifestent *via* la perturbation de processus écologiques tels que les relations proies-prédateurs ou les phénomènes de compétition.

Exemples d'effets directs des pesticides et de leurs conséquences indirectes éventuelles

Effets directs	Effets indirects
Diminution de l'abondance des proies	Diminution de l'abondance des prédateurs
Diminution de l'abondance des prédateurs	Augmentation de l'abondance des proies
Diminution de l'efficacité de capture des proies (ex. : troubles du comportement des prédateurs)	Diminution de l'abondance des prédateurs → augmentation de l'abondance des proies
Augmentation de la vulnérabilité des proies (ex. : troubles du comportement des proies)	Augmentation de l'abondance des prédateurs → diminution de l'abondance des proies → diminution de l'abondance des prédateurs
Modifications de l'habitat (ex. : mort des plantes)	Diminution de l'abondance de certaines espèces (ex. : disparition de sites de nidification)
Diminution de l'abondance de certains compétiteurs	Augmentation de l'abondance de certains autres compétiteurs

Les effets indirects sont fréquemment découplés dans le temps (voire dans l'espace) des effets directs et ils peuvent parfois s'enchaîner (effets en cascade). Ils rendent très difficile l'évaluation des effets des pesticides dans les milieux naturels.

Facteurs de confusion et mise en évidence des effets des pesticides

De nombreux facteurs de confusion et la variabilité naturelle des conditions environnementales peuvent masquer ou au contraire exacerber les effets des pesticides. Les facteurs de confusion peuvent être de nature physique, chimique ou biologique (exemples ci-dessous).

Facteurs physiques :
– modifications des caractéristiques spatiales et temporelles des habitats et des paysages (connectivité, permanence…) ;
– érosion des sols ;
– présence de matières en suspension dans l'eau et sédimentation anormale ;
– modifications du régime hydrique ;
– changements climatiques ;
– pratiques agricoles (travail du sol, remembrement…).

Facteurs chimiques :
– eutrophisation des eaux ;
– présence d'autres polluants ;
– modification (temporaire ou définitive) de la biodisponibilité des pesticides.

Facteurs biologiques :
– état sanitaire des populations (morbidité, pression parasitaire…) ;
– introduction d'espèces prédatrices ou compétitrices ;
– modification des ressources alimentaires disponibles ;
– pathologies émergentes.

difficiles à détecter mais dont les conséquences sont souvent importantes. La modification de la disponibilité des ressources (trophiques ou autres) et des relations de compétition sont les principaux mécanismes d'occurrence et de propagation de ces effets indirects.

Les effets sur les organismes sont connus dans leurs principes, mais difficiles à mettre en évidence sur le terrain, en raison de la non-spécificité des effets, de l'existence de mécanismes de régulation des populations à différentes échelles spatiales et temporelles (pour les oiseaux et les mammifères par exemple, il est très difficile d'appréhender le niveau des populations et celui des communautés d'espèces, du fait de la taille des territoires exploités et de leur temps de génération).

Suivi des impacts

Il est très difficile de quantifier les impacts réels des pesticides dans le milieu naturel et d'analyser leur évolution.

Des réseaux de suivi des impacts sur les organismes existent, mais ils sont fragmentaires et très spécifiques : ils concernent essentiellement les vertébrés sau-

Outils biologiques pour la mise en évidence des effets des pesticides

Les effets de l'introduction d'un pesticide dans un écosystème peuvent se produire à différents niveaux d'organisation biologique : individus et populations, assemblages d'espèces et communautés, écosystème dans son ensemble. Des paramètres biologiques peuvent être mesurés à ces différents niveaux et constituer autant de signaux indiquant qu'une perturbation a eu lieu.

Dans le cadre de l'évaluation de la qualité des milieux naturels, plusieurs stratégies biologiques complémentaires peuvent être utilisées :

– mesure de *biomarqueurs* (réponses moléculaires, biochimiques, cellulaires, physiologiques ou comportementales, qui révèlent l'exposition présente ou passée d'un individu à un pesticide). La mesure de l'activité d'une enzyme-clé du fonctionnement du système nerveux, l'acétylcholinestérase (AChE) peut, par exemple, révéler l'exposition d'invertébrés (mollusques, arthropodes) ou de vertébrés (poissons, oiseaux, mammifères) à certains insecticides (organophosphorés ou carbamates) dont le mode d'action est justement l'inhibition de l'AChE. Des valeurs seuils de l'inhibition, au-delà desquelles la mort de l'individu est inévitable, ont parfois été proposées, notamment pour les oiseaux ;

– analyses sur des *espèces sentinelles* (accumulation de pesticides, mesure de biomarqueurs, évaluation de l'état de santé…). C'est, par exemple, la stratégie mise en œuvre depuis de nombreuses années dans le cadre du Réseau national d'observation de la qualité du milieu marin (RNO), avec la réalisation d'analyses de la contamination de bivalves marins (moules et huîtres) échantillonnés dans de nombreuses stations réparties sur les côtes françaises. Cette approche est particulièrement adaptée à la mesure de la contamination par des substances peu hydrosolubles (pesticides organochlorés par exemple) ;

– recherche de *bio-indicateurs* (présence/absence et/ou abondance de certains organismes) avec, dans certains cas, utilisation d'indices. Les communautés de nématodes et de microarthropodes constituent, par exemple, de bons outils de bio-indication de la qualité des sols vis-à-vis de l'impact de certains pesticides.

De nombreuses propositions d'outils biologiques ont été faites, mais les succès dans la mise en évidence simultanée de la présence et des effets des pesticides en milieu naturel sont rares.

Aucun de ces outils n'est actuellement utilisé en routine pour l'évaluation spécifique des effets des pesticides.

vages et, dans une moindre mesure, l'abeille domestique ; la probabilité qu'un incident soit recensé par ces réseaux de surveillance est non chiffrée mais indubitablement faible. Dans de nombreux cas, les impacts observés ne peuvent être attribués à un polluant en particulier du fait de la multipollution des milieux et des interactions possibles des polluants entre eux et avec d'autres facteurs environnementaux. De nombreux facteurs de confusion et la variabilité naturelle des conditions environnementales peuvent rendre difficile l'identification des effets des pesticides (encadré 7 p. 38). Les facteurs de confusion (d'ailleurs souvent liés à l'intensification de l'agriculture) peuvent être de nature physique (structure des sols et des habitats aquatiques), chimiques (nutriments, autres toxiques) ou biologiques (présence de certaines espèces).

L'approche physico-chimique de l'évaluation de la qualité des milieux présente de nombreuses limites qui tiennent notamment au caractère ponctuel (dans l'espace et le temps) des analyses, aux performances des méthodes analytiques, à l'absence de données sur la biodisponibilité des substances détectées et aux incertitudes sur les causes et l'ampleur de la variabilité intra- et interspécifique de la sensibilité des organismes.

Plusieurs stratégies biologiques complémentaires (encadré 8, p. 39) peuvent être utilisées pour évaluer les effets des pesticides dans les milieux naturels : mesure de biomarqueurs, analyses sur des espèces sentinelles et recherche de bio-indicateurs. Malgré la quantité très importante de travaux scientifiques réalisés sur les biomarqueurs, ces outils ne sont pratiquement pas utilisés « en routine » pour la biosurveillance environnementale. Par ailleurs, les nombreux outils de bio-indication développés pour l'évaluation de la qualité des milieux, notamment aquatiques, et dont certains sont utilisés en routine, n'ont pas été mis au point pour mettre en évidence de façon spécifique les impacts des pesticides.

Les approches intégratives

Relations entre utilisation de pesticides, contamination et impacts

Excepté dans certains bassins versants suivis par des groupes régionaux « Phytos », les informations sur les pratiques agricoles autour des points de mesure de contamination ne sont pas collectées ou disponibles, ce qui ne permet pas de caractériser les relations entre les « sources » de pollution et les niveaux de contamination du milieu. Les mesures de contamination de l'eau sont rarement adaptées à une évaluation de l'exposition (biodisponibilité non connue…). Dans les quelques études qui ont permis de mettre en évidence une relation entre l'exposition aux pesticides et les effets sur les populations naturelles en milieu aquatique, la caractérisation de l'exposition n'est généralement pas suffisante pour déterminer avec précision la concentration et la durée d'exposition qui induisent des effets biologiques.

En l'état actuel des études réalisées, il n'est que très exceptionnellement possible de mettre en évidence les relations entre pratiques phytosanitaires, niveau de contamination des milieux et impacts sur les organismes ou les écosystèmes. Les cas les mieux documentés et pour lesquels le rôle exact des pesticides a été démontré concernent essentiellement les oiseaux, et ils ont nécessité plusieurs années d'études à grande échelle.

Indicateurs et pesticides

Différents indicateurs de flux et de risques ont été développés en Europe pour prédire les contaminations dans les différents compartiments de l'environnement et leurs impacts potentiels sur différentes cibles. Toutefois, il n'existe pas à l'heure actuelle de données objectives qui permettent d'établir si les « sorties » de ces indicateurs sont correctes. Même lorsque l'objectif est de classer des substances les unes par rapport aux autres, il n'existe pas de consensus sur l'indicateur ou la méthode à mettre en œuvre. Ces outils, qui ont fréquemment été conçus avec des objectifs très différents, souffrent tous d'un manque de validation dans des situations de terrain et ils sont l'objet de nombreuses critiques (encadré 9 p. 42).

Une piste d'avenir consiste en l'utilisation de modèles déterministes de transfert pour développer des indicateurs robustes, certains modèles de transfert de pesticides ayant bénéficié de programmes de validation conséquents durant les deux dernières décennies.

Malgré la demande forte et légitime de développement d'indicateurs de risques de contamination et d'impacts, simples d'accès, il est nécessaire de rester temporairement circonspect sur l'utilisation des indicateurs existants comme outil d'aide à la décision. La mise en œuvre de vrais programmes de validation des différents indicateurs existants devrait toutefois permettre de dépasser ce stade dans le futur. En revanche, l'utilité des indicateurs comme outil d'aide à la communication, à la prise de conscience, au raisonnement, semble d'ores et déjà indiscutable.

9 Indicateurs et pesticides

De nombreux indicateurs relatifs aux pesticides ont été proposés, avec des objectifs très variés :
- identification de situations à risque ;
- aide à la hiérarchisation des actions ;
- évaluation des performances environnementales, dans le cadre de la mise en place de programmes de réduction des utilisations et des contaminations ;
- caractérisation d'une situation et de son évolution afin, notamment, de mesurer l'écart par rapport à des objectifs ;
- appui aux décisions de réduction d'emploi ou d'interdiction ;
- aide à la définition de programmes de substitution de substances ;
- encadrement de la production (définition et respect de cahiers des charges) ;
- accompagnement de programmes d'amélioration des pratiques et de sensibilisation des agriculteurs ;
- communication vis-à-vis du monde professionnel ou du grand public.

Cette diversité d'objectifs est l'une des raisons de la multiplicité des outils proposés. Elle implique aussi qu'imaginer un indicateur unique, « universel », n'aurait aucun sens.

Ces indicateurs sont l'objet de controverses qui concernent :
- les variables d'entrée, et notamment la prise en compte parfois succincte de l'environnement ;
- les méthodes d'agrégation ;
- la nature des données de toxicité prises en compte et leur mode d'utilisation ;
- la non-prise en compte de la problématique des mélanges ;
- la trop grande spécificité de certains indicateurs ;
- l'absence fréquente de niveaux de référence et de règles de décision ;
- le recours à des bases empiriques ou à des dires d'expert pour la construction ;
- l'absence très fréquente de tests de sensibilité sur les variables d'entrée, qu'elles soient liées au produit, au milieu ou à l'usage.

Enfin, la principale critique est l'absence de validation des prédictions des indicateurs par des données de terrain.

Des risques phytosanitaires mal évalués et accrus par les systèmes de culture

Une évaluation insuffisante des risques sanitaires et de l'efficacité des pesticides

L'objectif de la protection des cultures n'est pas de limiter la taille des populations de bioagresseurs mais de réduire les pertes de récoltes (quantitatives et qualitatives) qu'ils peuvent occasionner. Or on constate un amalgame entre dégâts sur les cultures (symptômes), dommages sur les récoltes (mesurables par des diminutions quantitatives et/ou qualitatives des produits récoltés) et pertes économiques pour le producteur, alors que l'enchaînement dégât-dommage-perte n'est ni linéaire, ni automatique.

En effet, un dégât, dans beaucoup de contextes, ne se traduit ni par un dommage, ni *a fortiori* par une perte économique. Dans quelques cas, cependant, un dégât minime se traduira par une perte massive. Les traductions successives de dégâts en dommages, et de dommages en pertes, dépendent fortement des situations de production (contextes techniques, biologiques, pédoclimatiques, sociaux, économiques, culturels).

Évaluer et mettre en œuvre des méthodes de protection des cultures nécessiterait une quantification des dommages que les dégâts prévisibles seraient susceptibles de causer en l'absence de protection ainsi que, naturellement, une quantification de l'efficacité des méthodes de contrôle pour limiter les dégâts. Or on est loin de disposer de toutes les références nécessaires pour l'ensemble des cultures et des situations de production françaises.

Des connaissances existent, généralement obtenues par comparaison de situations « traitées » et « non traitées » pour évaluer les dégâts, voire les dommages, et éventuellement, par extension, les pertes économiques, et ceci pour quelques bioagresseurs majeurs des principales cultures. Ces études sont réalisées pour des couples [1 bioagresseur — 1 culture], dans des conditions culturales « intensives » qui induisent des risques phytosanitaires élevés. De plus, ces expérimentations sont généralement réalisées dans un environnement où la lutte chimique est très présente, ce qui limite fortement tout contrôle biologique naturel. Ces situations où les pesticides s'avèrent effectivement nécessaires conduisent à une surestimation des bénéfices liés à leur utilisation. Ces résultats ne peuvent pas être extrapolés à des situations ou des systèmes conçus pour exprimer des dynamiques plus lentes et moins importantes de bioagresseurs.

Des expérimentations spécifiques sont donc nécessaires pour distinguer clairement dégâts, dommages et pertes économiques, et les évaluer dans des conditions où ils ne sont pas d'emblée maximisés par les conditions de culture.

Les traitements avec pesticides peuvent aussi avoir pour fonction d'assurer la qualité sanitaire des aliments. L'argument, souvent cité, d'une protection contre les mycotoxines qui contaminent effectivement les céréales françaises, n'est pas sans fondement mais est à relativiser. La maîtrise du champignon par les fongicides est très incomplète, et la limitation des facteurs de risques paraît une voie de gestion plus pertinente. Par ailleurs, les recherches montrent que la relation entre symptômes de fusariose et taux de mycotoxines est faible (certaines souches ne sont pas toxinogènes, celles qui le sont ne produisent pas automatiquement de toxines). Un autre cas souvent cité, pour justifier les traitements des semences, est celui de l'ergot du seigle (dont les toxines affectent très gravement le système nerveux humain), mais aussi du blé : les quelques attaques observées en France, au milieu des années 1960, étaient en fait liées à un mauvais contrôle des graminées adventices qui jouent un rôle important d'hôte relais dans le cycle de développement du pathogène.

Les données font largement défaut en ce qui concerne les pertes de récoltes causées actuellement par les bioagresseurs dans différents systèmes de culture, et qu'ils pourraient causer si les méthodes actuelles de protection n'étaient pas utilisées. Il s'ensuit une grande difficulté à évaluer l'efficacité des pratiques actuelles de protection, et plus encore, de pratiques nouvelles.

Des stratégies de lutte insuffisamment différenciées

Les traitements préventifs ou déclenchés dès les premiers symptômes sont fréquents ; ces pratiques ne tiennent pas compte du risque réel, pour la culture en place et pour les suivantes. Des typologies de risques ou de dynamiques de développement des bioagressions peuvent aider à choisir une stratégie de protection plus adaptée aux caractéristiques du risque.

Stratégie de protection des cultures et caractérisation du risque

La notion de risque, appliquée à la protection des plantes, permet de dresser une typologie simple des bioagresseurs selon deux critères : l'importance du dommage (limité ou élevé) et la fréquence de ce dommage (faible ou forte). Les 4 cas ainsi définis appellent des stratégies de protection différentes.

**Caractérisation du risque associé au développement d'une population
d'un bioagresseur et stratégies de protection des cultures**

Risque de :	Épidémie chronique	Épidémie occasionnelle
Dommage limité	Stratégie de gestion visant à réduire les dommages récurrents et à accroître la viabilité du système	Cas ne nécessitant pas de stratégie particulière si les dommages sont peu importants et peu fréquents
Dommage massif	Contexte où la viabilité immédiate du système est en question et où l'on doit reconsidérer la production végétale en tant que telle	Stratégie de gestion visant à prévenir les épidémies elles-mêmes

Stratégies de lutte et cycles biologiques des bioagresseurs

Les méthodes de gestion des populations de bioagresseurs peuvent être classées en deux grandes catégories : celles destinées à réduire les populations initiales, x_0 (en début de cycle végétatif) et celles destinées à ralentir la vitesse apparente d'accroissement d'une population, r (en cours de cycle végétatif). L'intérêt relatif de ces méthodes est fonction du cycle du bioagresseur (mono- ou polycyclique) et de son mode d'infestation, qui détermine si la population de l'année n dépend ou non beaucoup de celle de l'année n-1 (encadré 10).

10

Stratégies de lutte et cycles biologiques des bioagresseurs

La vitesse et l'amplitude du développement des populations de bioagresseurs dépendent à la fois de l'importance des populations initiales (x_0) à la mise en place de la culture, et de leur taux de multiplication (r) au cours de la culture. La disponibilité d'un produit efficace de traitement amène souvent à utiliser ces paramètres pour prévoir la dynamique des bioagresseurs et à traiter lorsqu'un « seuil de nuisibilité » est atteint. Une autre approche consiste à réduire autant que faire se peut, et de manière préventive, à la fois x_0 et r.

Le contrôle des populations initiales (x_0) de bioagresseurs est spécialement efficace pour la gestion des populations lorsqu'on a affaire à un degré de polyétisme[9] fort (la dynamique d'une saison est très fortement dépendante de celle de la saison précédente, à cause de la population résiduelle qu'elle a générée), et lorsque la dynamique est de type monocyclique (une seule phase de multiplication des organismes en cours de saison). Une limitation de x_0 aura également un effet important, mais sensiblement moindre, lorsque la dynamique est polycyclique avec un niveau de polyétisme élevé.

Cette réduction de x_0 sera particulièrement efficace pour les maladies d'origine tellurique et les adventices ; elle pourra être obtenue par la biofumigation ou l'enfouissement des résidus de culture dans le premier cas, par les faux semis dans le second.

[9] Polyétique : se dit d'une épidémie dont les générations du parasite sont récurrentes d'une année de végétation à l'autre.

La réduction de la multiplication (r) de la population de bioagresseurs sera spécialement efficace lorsque le degré de polyétisme est faible (quelle que soit la dynamique saisonnière, mono- ou polycyclique), et modérément efficace lorsque le degré de polyétisme est fort si la dynamique saisonnière est polycyclique.

Cette réduction de r peut résulter d'actions très diverses : emploi de résistances variétales partielles, limitation de l'alimentation minérale rendant le peuplement moins vulnérable aux infections, gestion de la structure du peuplement... En fait, les pratiques culturales sont virtuellement toutes, à des degrés divers, susceptibles d'affecter les dynamiques de bioagresseurs.

Il est évidemment possible de combiner des mesures qui visent à réduire x_0 à des mesures maintenant r à de faibles valeurs.

Typologie des dynamiques des bioagressions
(selon deux niveaux de polyétisme croisés avec deux types de dynamiques
au cours d'un cycle végétatif) et modes de gestion

	Polyétisme faible	Polyétisme fort
Dynamique monocyclique	Actions sur x_0 : 0 à + Actions sur r : +++ (ex. : limaces)	Actions sur x_0 : +++ Actions sur r : + (ex. : beaucoup d'adventices, des nématodes, pathogènes de l'appareil aérien à survie tellurique)
Dynamique polycyclique	Actions sur x_0 : 0 Actions sur r : +++ (ex. : parasites obligatoires de l'appareil aérien, tels les rouilles du blé, carpocapse du pommier)	Actions sur x_0 : + Actions sur r : ++ (ex. : pucerons des céréales, oïdium de la vigne, piétin-échaudage du blé, tavelure du pommier)

0 à +/++/+++ : niveaux de contrôle des populations obtenus par des actions sur x_0 et r, et exemples de bioagresseurs présentant ces dynamiques.

Exemples :

– dans le cas du piétin-échaudage du blé, la rotation avec des cultures non hôtes qui permet de faire chuter la quantité d'inoculum du sol, suffit à maintenir le risque à un niveau faible. En culture de blé sur blé, toute mesure qui permet de réduire cette quantité d'inoculum initiale (gestion de l'interculture) et/ou son efficience (travail du sol) a des effets bénéfiques sur le niveau de maladie ;

– vis-à-vis des maladies foliaires du blé comme les rouilles, il est possible de réduire de façon très significative la multiplication et la dispersion de l'inoculum par la mise en culture d'associations variétales au sein d'une même parcelle ;

– en vergers de pommiers, l'élimination des feuilles à l'automne (par retrait ou enfouissement) permet de réduire significativement (jusqu'à 95 %) l'émission d'ascospores responsables des infections initiales de tavelure l'année suivante, et par conséquence l'incidence et la sévérité de la maladie sur feuilles et fruits ;

– la confusion sexuelle permet une protection efficace des vergers de pommiers vis-à-vis du carpocapse, sous réserve d'utilisation concertée entre producteurs d'une même région, mais peut nécessiter au préalable une intervention chimique permettant de réduire les populations initiales.

Des systèmes de culture qui accroissent les risques phytosanitaires

Les facteurs de risques sanitaires

Un bioagresseur se développera d'autant plus qu'il rencontre des conditions favorables de manière continue dans le temps et l'espace qu'il est amené à occuper au cours de son cycle.

Les bioagresseurs sont favorisés par les nutriments fournis à la culture (cas des adventices), par des structures de peuplements denses et homogènes (cas des maladies), par la disparition de leurs ennemis naturels et concurrents (cas des arthropodes).

En cultures pérennes

Les cultures pérennes (vigne, arboriculture fruitière), installées pour de nombreuses années, sont de plus souvent concentrées dans l'espace, dans des bassins de production où elles sont dominantes ou en quasi-monoculture. Les bioagresseurs y rencontrent donc des conditions particulièrement stables et favorables. L'emploi répété des mêmes substances pesticides pour contrôler ces infestations favorise ensuite l'apparition et le développement de populations résistantes à ces pesticides.

En cultures annuelles

Les évolutions technico-économiques actuelles (cf. encadré 4 p. 24, concernant le blé) tendent à accroître les facteurs de risques phytosanitaires :
– la spécialisation des systèmes de production se traduit par un raccourcissement des rotations et l'application de successions culturales enchaînant des plantes ayant le même cycle biologique (céréales d'hiver, par exemple), qui favorisent les adventices ainsi que les ravageurs et maladies telluriques ;
– la recherche d'un potentiel de rendement maximum conduit à appliquer des densités de semis élevées (qui favorisent les maladies fongiques) et une forte fertilisation (dont bénéficient aussi les adventices) ;
– la réduction des coûts de production par des économies de main-d'œuvre et d'énergie conduit à un abandon du labour (qui permet l'enfouissement profond des graines d'adventices et des organes de conservation des pathogènes).

Par ailleurs, le développement des échanges commerciaux internationaux soumet les productions agricoles au risque d'introduction de nouveaux ravageurs, susceptibles de se développer d'autant plus rapidement qu'ils rencontrent les conditions favorables mentionnées ci-dessus. On peut ainsi citer l'exemple de la chrysomèle du maïs (*Diabrotica*), dont on cherche à empêcher l'extension à partir de foyers en Ile-de-France depuis 2002, et en Alsace depuis 2003.

Des méthodes de lutte dont la forte efficacité n'est souvent pas durable

L'agriculture est confrontée à la question de la durabilité des méthodes de contrôle des bioagresseurs dont l'efficacité est potentiellement totale : pesticides dont l'efficacité serait absolue, mais aussi gènes de résistance complète aux bioagresseurs. Ce problème s'apparente à ceux qui se posent en médecine avec la perte d'efficacité de certains antibiotiques. L'apparition de résistances aux substances actives utilisées conduit à des pertes d'efficacité, à l'augmentation des doses appliquées et, à terme, à l'abandon de substances actives pouvant générer des impasses de protection phytosanitaire dans certains cas. Les perspectives d'innovation ne permettent pas d'espérer un remplacement systématique de toutes les molécules devenues inefficaces par de nouvelles.

La résistance des bioagresseurs aux pesticides

L'existence de ces phénomènes de résistance a été mise en évidence dès 1928. L'emploi répété des nouvelles SA génère l'apparition et l'extension rapides des résistances et il existe des exemples récents de telles adaptations en quelques années.

Dans le domaine des fongicides, les strobilurincs (inhibiteurs d'un complexe mitochondrial) semblaient promises à un bel avenir sur de nombreuses cultures. Leur utilisation a été rapidement confrontée à des problèmes de résistance sur des bioagresseurs importants comme la septoriose du blé, le mildiou de la vigne ou la tavelure des arbres fruitiers à pépins, qui risquent de limiter rapidement l'intérêt de ces produits. Concernant les insecticides, le carpocapse du pommier constitue un bon exemple de bioagresseur capable de développer rapidement une résistance croisée à des SA appartenant à des familles chimiques différentes. L'apparition de résistances aux herbicides est un problème connu depuis des décennies en France ; les premiers cas de résistance aux triazines remontent aux années 70. Plus récemment, à partir des années 90, sont apparues des résistances aux anti-graminées (famille des « fops », « dimes », ou des urées substituées).

En France, les résistances aux pesticides concernent aujourd'hui une majorité des bioagresseurs-clés des cultures fruitières (tavelure, acariens, diverses espèces de pucerons, psylle, mineuse des feuilles, carpocapse). Pour la vigne, il convient de citer la résistance des acariens phytophages et le fait que l'on ne dispose plus, contre le mildiou, de molécules à effets curatifs qui ne soient pas confrontées à un problème de résistance. Il en est de même en grande culture, où l'ensemble des productions est concerné par ces résistances.

Des perspectives d'innovations limitées

Les perspectives d'innovation de l'agrochimie à moyen terme apparaissent limitées, dans un contexte en outre marqué par des coûts croissants de développement et d'homologation de nouveaux produits, peu motivant pour les firmes. Pour les fongicides, la sortie de quelques nouvelles molécules, dont plusieurs anti-oïdium, est prévue, mais aucune nouvelle famille à large spectre d'action n'est annoncée à moyen terme. Concernant les herbicides, aucun nouveau mode d'action n'a été identifié depuis plusieurs années ; quelques nouveaux produits appartenant à des familles déjà connues sont annoncés.

La situation est différente pour les insecticides et acaricides, puisqu'un certain nombre de nouvelles SA devraient être commercialisées d'ici 2010 : des neurotoxiques, en particulier des nicotinoïdes (retardés par le questionnement à propos de l'imidaclopride) et des toxines extraites ou modifiées de micro-organismes (émamectine, par exemple). De nouveaux régulateurs de croissance d'insectes sont en cours d'homologation. De nouveaux insecticides et acaricides, ayant des modes d'action originaux, se profileraient à plus ou moins longue échéance.

Enfin, pour certains bioagresseurs (virus, phytoplasmes, bactéries) aucun traitement pesticide n'existe ou n'est autorisé, ce qui rend nécessaire la mise en œuvre de mesures préventives et de prophylaxie.

L'adaptation des bioagresseurs aux variétés résistantes

Ce phénomène d'adaptation des populations de bioagresseurs se produit également vis-à-vis des résistances génétiques aux bioagresseurs des variétés, notamment avec les résistances totales, qui sont d'autant plus vite contournées par le bioagresseur que ces variétés sont utilisées de manière répétée et sur de grandes surfaces.

Parmi de nombreux exemples, on peut citer celui du colza. Dans les années 1990 ont été mises sur le marché des variétés résistantes au phoma, qui possédaient un gène de résistance spécifique (Rlm1). Elles ont connu un remarquable succès : entre 1996 et 1999, les surfaces cultivées avec des variétés possédant ce gène sont passées de 19 à 44 % des surfaces de colza. Dans le même temps, la forte pression de sélection sur les populations pathogènes conduisait à un accroissement de la fréquence de l'allèle de virulence correspondant (avrLm1) et à une perte, en quelques années, de l'efficacité de ces variétés contre le phoma.

Les démarches actuelles d'économie de pesticides

Ces démarches comprennent : l'utilisation raisonnée des pesticides, la protection intégrée[10] (qui combine différentes méthodes de lutte), la production intégrée[11] et l'agriculture biologique (qui s'interdit l'utilisation de tout pesticide chimique de synthèse).

---

[10] « Protection intégrée : système de lutte contre les organismes nuisibles qui utilise un ensemble de méthodes satisfaisant aux exigences à la fois économiques, écologiques et toxicologiques, en réservant la priorité à la mise en œuvre délibérée des éléments naturels de limitation et en respectant les seuils de tolérance. » OILB/SROP, 1973.

[11] « Production intégrée : système agricole de production d'aliments et des autres produits de haute qualité qui utilise des ressources et des mécanismes de régulation naturels pour remplacer des apports dommageables à l'environnement et qui assure à long terme une agriculture viable. » OILB/SROP, 1993.

Les outils d'aide à la décision (OAD) disponibles

Depuis plusieurs années, des outils ont été développés pour aider les agriculteurs à raisonner leurs décisions de traitements. Ces outils sont élaborés et/ou diffusés par les instituts techniques, le Service de la protection des végétaux du ministère chargé de l'Agriculture (qui produit les « avertissements agricoles »), les chambres d'agriculture, les distributeurs de produits phytosanitaires. Ils prennent des formes diverses, mais ont généralement comme principal objectif de mieux raisonner l'utilisation des pesticides.

Ces outils sont, pour la plupart, fondés sur le couplage de modèles biologiques de prévision de l'évolution des maladies ou des populations de ravageurs en fonction des conditions climatiques, et de règles de déclenchement du traitement en fonction d'un seuil de nuisibilité.

Les modèles ne comportent généralement pas de paramètres liés aux pratiques culturales, sauf comme élément d'ajustement des sorties du modèle pour tenir compte de la diversité des situations agronomiques. Les seuils de nuisibilité ou d'intervention sont généralement déterminés dans et pour des conditions culturales « intensives ». Un effort est réalisé, notamment par les instituts techniques, pour adapter ces seuils à la diversité des situations agronomiques observées, notamment en complétant les « avertissements agricoles », pertinents au niveau microrégional, par des règles d'aide à la décision intégrant des facteurs de risque liés au mode de conduite et à l'histoire culturale de la parcelle.

Ces outils restent en majorité fondés sur la réalisation de l'optimum technique, et conduisent assez logiquement à des conduites consommatrices d'intrants. Ils ne considèrent en général que le couple [1 bioagresseur — 1 culture] et négligent donc les interactions entre les différents bioagresseurs. Enfin, ils prennent très rarement en compte les impacts environnementaux des traitements.

Les démarches contractuelles individuelles

Ces démarches individuelles et applicables sur l'ensemble du territoire (encadré 11, p. 51) sont de deux types :
– des démarches globales d'exploitation, comportant un ensemble cohérent d'engagements qui définissent une forme de production : agriculture raisonnée, production intégrée et agriculture biologique (encadré 11) ;
– des mesures plus ponctuelles, proposées aux agriculteurs dans le cadre des mesures agri-environnementales (MAE) du second pilier de la Pac. Les MAE comprennent plusieurs centaines de mesures, dont certaines concernent les pesticides, directement (remplacement de traitements herbicides par du désherbage mécanique ou thermique, de la désinfection chimique des sols par des procédés physiques ; adoption d'un mode de lutte raisonnée ou d'une lutte biologique ; réalisation de zones tampons enherbées…) ou indirectement (diversification des cultures dans l'assolement, mise en place d'un couvert herbacé sous cultures ligneuses pérennes).

Les démarches volontaires impliquant des pratiques plus économes en pesticides en France

Agriculture raisonnée

L'agriculture raisonnée (AR) correspond à une démarche globale de gestion d'exploitation qui vise à réduire les effets négatifs des pratiques agricoles sur l'environnement, sans remettre en cause la rentabilité économique des exploitations. Seize des 98 points du référentiel national de l'AR concernent la protection phytosanitaire (cf. annexe p. 132).

Cependant, les engagements pris par les agriculteurs en la matière, hormis l'enregistrement de leurs pratiques, ne vont guère au-delà du respect de la réglementation nationale et territoriale. Par exemple, l'engagement phare consiste à « n'utiliser que des produits bénéficiant d'une autorisation de mise sur le marché et autorisés pour les usages considérés, en respectant la dose homologuée ».

L'AR vise l'objectif de 30 % des exploitations[12] certifiées d'ici 2008. Fin septembre 2005, soit 18 mois après le lancement de l'opération, 1 019 exploitations adhèrent. Elles sont très inégalement réparties sur le territoire et selon les productions : 36 % (374) sont des exploitations viticoles de la région Languedoc-Roussillon.

Mesures agri-environnementales (MAE)

Le bilan à mi-parcours du règlement de développement rural (RDR) européen a montré que la France consacre à l'axe environnemental — forêts et indemnités compensatoires de handicaps naturels (ICHN) compris — 56 % des contributions perçues au titre du fonds européen d'orientation et de garantie agricole (Feoga orientation). Ceci la situe dans la moyenne européenne, mais à un niveau très inférieur à celui de certains *Länder* allemands, du Royaume-Uni, de l'Irlande, de la Finlande, de la Suède ou de l'Autriche. Au sein de ce programme, les MAE constituent la mesure la plus importante et le principal outil pour améliorer l'environnement.

Les MAE (hors agriculture biologique) qui concernent directement l'utilisation des pesticides (mesures 08 et 09 ; cf. annexe) ont été contractualisées dans des proportions restreintes (moins de 5 % de la SAU nationale). Près de 80 % de la surface contractualisée correspond à de faibles modifications de pratiques. Les MAE laissent donc de côté les exploitations dont les pratiques sont les plus éloignées du cahier des charges et donc vraisemblablement les plus polluantes. À ce problème de « sélection adverse » s'ajoute le fait que la contractualisation porte sur des mesures globalement peu ambitieuses et qu'elle est insuffisamment ciblée sur les zones à enjeu. Au total, le bilan à mi-parcours du RDR admet que les effets des MAE sur la préservation de l'environnement sont probablement très limités.

Production intégrée

La part des surfaces officiellement répertoriées en production intégrée (encadré 12 p. 53) couvre 0,4 % de la SAU nationale (source Agra CEAS consulting, 2002). La France compte ainsi parmi les pays européens les moins engagés dans cette forme de production, très loin derrière le Danemark (23 %), l'Autriche (18 %) et le Royaume-Uni (10 %).

---

[12] En 2003, la France comptait près de 590 000 exploitations, dont 367 200 exploitations professionnelles.

La production intégrée est essentiellement appliquée en arboriculture. En 1997, 12 % des arboriculteurs français déclaraient y avoir recours. Cependant, la production fruitière intégrée (PFI) française apparaît souvent peu exigeante : certains cahiers des charges donnent la priorité à la communication, et s'écartent souvent, au plan phytosanitaire, des préconisations de l'Organisation internationale de lutte biologique et intégrée (OILB). Les règles de la PFI de l'Italie du Nord, par exemple, sont plus proches des directives de l'OILB et les initiatives de valorisation commerciale connaissent davantage de succès que celles lancées en France.

Agriculture biologique

En 2004, l'agriculture biologique représente en France 11 000 exploitations (3 % du total) et 540 000 ha (2 % de la SAU). Après une forte progression ces dernières années, l'AB française stagne, et elle reste très en deçà de l'importance qu'elle a prise dans d'autres pays européens (12 % de la SAU autrichienne, 8 % en Italie, par exemple, en 2002). Les surfaces en AB sont majoritairement consacrées aux fourrages et pâturages ; les céréales n'occupent que 82 000 ha.

Si le marché des produits « bio » est limité par un différentiel de prix à la consommation qui peut être important (dû à des coûts de production mais aussi de collecte, transformation et distribution plus élevés, en raison de la faiblesse des volumes), la production l'est aussi, en France, par le fait que les aides aux exploitations — versées dans le cadre d'un contrat d'agriculture durable (CAD) — sont limitées à la phase de conversion.

Les chiffres cités dans les rapports récents commandés par l'UE (encadré 12, p. 53) sur la place qu'occupent les productions intégrée et biologique dans les États membres sont à prendre avec précaution (données déjà anciennes, ne prenant en compte que les surfaces bénéficiant d'une garantie officielle...). Cependant, la France y apparaît bien comme un pays faiblement engagé dans ces deux formes d'agriculture. Alors que des pays comme le Danemark ou l'Autriche ont développé à la fois un secteur de production intégrée et l'agriculture biologique, il n'existe en France pratiquement pas d'intermédiaire entre une agriculture conventionnelle majoritairement intensive, et une agriculture biologique qui occupe une part très modeste de la SAU.

Les comparaisons européennes (encadré 12) placent la France parmi les pays qui ont peu développé à la fois la production intégrée et l'agriculture biologique (AB). Les pays où l'AB occupe une part nettement plus importante de la SAU (Autriche, Italie...) ont assuré ce développement en mobilisant dès 1992 les aides européennes des MAE, alors que la France a plutôt choisi d'affecter ces aides à des mesures plus ponctuelles, et qui portaient peu sur la réduction des pollutions d'origine agricole. Les mesures incluses dans les contrats globaux d'exploitation, contrats territoriaux d'exploitation (CTE) puis contrats d'agriculture durable (CAD), bien que très nombreuses, ne concernent que peu l'utilisation des pesticides.

Concernant les démarches globales, deux logiques sont possibles : des cahiers des charges assez peu contraignants mais accessibles à un grand nombre d'agriculteurs et des cahiers des charges plus sévères dont l'adoption sera nécessairement limitée. La première option est généralement privilégiée en France (avec un succès relatif en terme d'adhésion à ces contrats).

12

Les productions intégrée et biologique en Europe

Contrairement aux États-Unis, l'UE ou la France n'ont pas mis en œuvre des études ou des enquêtes visant à dresser un état des lieux quant à l'utilisation des techniques de protection intégrée contre les ennemis des cultures ou plus généralement quant à l'utilisation des techniques de la production agricole intégrée.

En 1986, l'Union européenne a lancé le programme « Competitiveness of agriculture and management of agricultural resources » (Camar), qui portait sur un réseau d'essais menés dans dix pays d'Europe, et fut relayé par le programme « Agro-industrial research » (Air). Ces programmes ne semblent guère avoir essaimé si l'on en juge par les bilans récents effectués à la demande de la Commission européenne (source Agra CEAS consulting, 2002). Cette pratique serait utilisée sur moins de 3 % de la surface agricole utile européenne.

En Europe, les principes de la protection phytosanitaire intégrée ne sont véritablement appliqués qu'à quelques cultures de haute rentabilité : arboriculture fruitière, cultures protégées sous serre et viticulture. Dans la majorité des autres cas, on en est encore au stade d'une lutte chimique raisonnée.

Surfaces agricoles en production intégrée (1995/1998) et en production biologique (2000)

	Surfaces en production intégrée (1 000 ha)	Surfaces en production biologique (1 000 ha)	Surface agricole utile totale (SAUT) (1 000 ha)	% de la SAUT en production intégrée	% de la SAUT en production biologique
Allemagne	225	546	17 327	1,3	3,0
Autriche	608	272	3 423	17,8	7,9
Belgique	7	21	1 382	0,5	1,5
Danemark	637	158	2 764	23,0	5,7
Espagne	39	381	29 377	0,1	1,3
Finlande	14	147	2 150	0,7	6,8
France	**133**	**370**	**30 169**	**0,4**	**1,2**
Grande-Bretagne	1 554	579	15 858	9,8	3,7
Grèce	0,3	27	3 465	< 0,1	0,7
Irlande	19	27	4 434	0,4	0,6
Italie	159	1 040	15 256	1,0	6,8
Luxembourg	nd	1	127	nd	0,8
Pays-Bas	30	32	1 848	1,6	1,7
Portugal	58	48	3 942	1,5	1,2
Suède	157	174	3 109	5,1	5,6
EU-15	**3 641**	**3 823**	**134 631**	**2,7**	**2,8**

Sources : Agra CEAS Consulting (2002), IPTS (2004).

La part des surfaces répertoriées en production intégrée est en général faible, sauf pour quelques États, comme l'Autriche et le Danemark, et à un degré moindre pour la Grande-Bretagne ou la Suède. Il est à noter que les États membres dont la part des surfaces en production intégrée est élevée sont également ceux dont la part des surfaces en agriculture biologique est la plus importante. Seules la Finlande et

Les opérations locales collectives

Il s'agit principalement des 222 bassins versants pilotes suivis par des groupes régionaux « Phytos », dans lesquels tous les agriculteurs concernés sont incités à modifier leurs pratiques phytosanitaires et à mettre en place des aménagements correctifs, en fonction des problèmes identifiés localement (dépassement des seuils de potabilité des eaux pour une molécule pesticide très utilisée…).

Le bilan 2003 de ces opérations montrait qu'à cette date le diagnostic était achevé dans 45 % des bassins versants et que seulement 88 bassins en étaient au stade de l'élaboration ou de la mise en œuvre de « plans d'action » ; il est donc trop tôt pour pouvoir évaluer l'intérêt de ces démarches.

Rendre les systèmes de culture moins dépendants des pesticides nécessite de modifier la structure et l'organisation spatiale et temporelle des couverts végétaux (inter- et intraparcellaire) afin de créer les conditions les moins favorables possible aux bioagresseurs et ainsi réduire les risques sanitaires. Les démarches actuellement proposées, qui ne remettent pas en cause les itinéraires techniques, voire les systèmes de culture, ne s'inscrivent pas résolument dans ce sens.

Les solutions sont à décliner au niveau local, en fonction des objectifs environnementaux et de production recherchés. Les principes de mise en œuvre existent, ainsi qu'un certain nombre de moyens, qu'il sera nécessaire de combiner. Les outils d'accompagnement à la mise en œuvre de ces nouvelles façons de produire sont encore à construire ou tout au moins à paramétrer.

Un niveau d'utilisation des pesticides conforme à la rationalité économique

La très grande majorité des travaux consultés s'appuie sur une formalisation mathématique du comportement des agents concernés, c'est-à-dire s'inscrit dans le cadre de la microéconomie (néo)classique. Ces études mettent en évidence des mécanismes particuliers de l'utilisation des pesticides par les agriculteurs et, généralement, en tirent des propositions quant à la mise en œuvre de mécanismes de régulation pour l'utilisation des pesticides. Le peu d'études publiées n'évaluent l'importance de ces mécanismes que dans des cas précis : une culture particulière dans une région ou un pays donné, généralement les États-Unis. Aussi, si les déterminants économiques de l'utilisation des pesticides sont bien connus, la quantification des effets de ces déterminants est très fragmentaire. Ceci est dû à la fois à l'absence des données nécessaires à cette quantification, et au fait que la réalisation de ces études ne présente pas toujours d'intérêt scientifique. Cette quantification est généralement liée à des demandes des pouvoirs publics.

La rationalité économique de l'utilisation de pesticides

D'un point de vue économique, le niveau actuel d'utilisation des pesticides en France tient à leur efficacité technique (notamment dans les systèmes de production spécialisés et à hauts objectifs de rendement) et à leur rentabilité relative (au sens large) vis-à-vis des alternatives à cette lutte chimique.

Élasticité-prix et dépendance de l'agriculture vis-à-vis de l'utilisation des pesticides

La dépendance technique des systèmes de production conventionnels vis-à-vis de l'utilisation des pesticides se traduit au plan économique, par une faible élasticité de la demande de pesticides par rapport à leur prix.

S'il est généralement admis que le faible coût des pesticides favorise leur utilisation, il est souvent plus difficile de faire admettre qu'un coût élevé de ces produits tend à favoriser une diminution de leur utilisation, en raison de cette faible élasticité-prix.

Ainsi, si le prix des pesticides devait subitement s'accroître de manière sensible, les agriculteurs décideraient vraisemblablement, dans un premier temps, de peu modifier leur utilisation de pesticides (et ils subiraient entièrement les effets de la hausse de prix). Mais à moyen terme, ils disposent de diverses options pour s'adapter à cette hausse de prix : diminuer les surfaces des cultures les plus consommatrices de pesticides ; viser des rendements / objectifs moins élevés, nécessitant une moindre protection phytosanitaire ; adopter les pratiques économes en pesticides disponibles. À long terme, ils peuvent modifier plus fortement leurs choix de productions et leurs systèmes de culture. Leur utilisation de pesticides tend ainsi à décroître sous l'effet de la hausse des prix. L'élasticité-prix de l'utilisation de pesticides est donc faible à court terme, significative à moyen terme, et importante à long terme.

La dépendance de la production agricole vis-à-vis de l'utilisation des pesticides est plus importante à court terme qu'à long terme. Et elle est d'autant plus faible que l'agriculteur dispose de méthodes alternatives de protection des cultures.

« Surutilisation » des pesticides et faible recours aux pratiques économes en pesticides

Un écart est souvent constaté entre l'utilisation de pesticides préconisée par un expert en protection des cultures et celle observée chez les agriculteurs, qui recourent fréquemment à des traitements systématiques. Une telle « surutilisation » (supérieure à l'optimal technique), qui représenterait donc un « gaspillage », n'est pas conforme au postulat de rationalité des agents. Les économistes ont donc cherché à en rendre compte, et à comprendre les raisons de la faible utilisation des pratiques plus économes en pesticides constatée dans les pays qui ont tenté de promouvoir ces pratiques.

Ces recherches ont mis en évidence le rôle de certaines caractéristiques des pratiques économes en pesticides :
– elles génèrent des coûts indirects : temps de travail accru, achat de services spécifiques (analyses, conseil…) ;
– elles exigent plus de connaissances (formation et expérience, regroupées sous le terme de « capital humain ») que les pratiques culturales conventionnelles, qui s'appuient généralement sur des routines bien établies ;
– elles sont (ou du moins sont considérées comme) plus risquées.

Ces facteurs explicatifs ont été formalisés, et introduits dans les modèles microéconomiques. Ainsi, l'information nécessaire pour raisonner les traitements est-elle considérée comme un intrant à part entière, dont le coût est évalué (achat de données ou de conseil, coût du temps de travail consacré à l'observation des parcelles…).

La question du risque est prise en compte *via* la définition d'une « aversion au risque », qui conduit l'agriculteur à ne pas choisir de maximiser son espérance de revenu, mais à s'assurer contre un risque de chute de son revenu, ou de sa production, en dessous d'un seuil critique. Ce comportement peut relever de préférences individuelles, mais il est souvent lié à des contraintes particulières (remboursement d'emprunts, nécessité d'assurer l'alimentation du troupeau…). Les agriculteurs « averses au risque » ont ainsi tendance, pour s'assurer contre le risque, à utiliser les pesticides au-delà du niveau qui permettrait d'obtenir la marge moyenne maximale. Ils sont d'autant plus enclins à ce surcroît d'utilisation que le prix du produit à protéger est élevé (maraîchage, arboriculture, viticulture…).

Le raffinement des modèles microéconomiques permet de mieux rendre compte des facteurs déterminant les décisions d'utilisation des pesticides, parmi lesquels le bas prix relatif des pesticides reste prépondérant.

Les motivations non économiques

Il a été montré que certains agriculteurs adoptent des techniques plus respectueuses de l'environnement bien qu'elles soient moins rentables. Ces choix particuliers sont à rapprocher de ceux des consommateurs qui achètent des produits « écologiques », plus onéreux que les produits standards. Cependant, les agriculteurs prêts à « sacrifier » ainsi une partie de leur revenu pour adopter des pratiques conformes à leurs valeurs ou à leur sensibilité, sont peu nombreux. Il est évident que si la sensibilité des agriculteurs vis-à-vis des problèmes de pollution est avérée, elle n'est pas suffisante pour que les problèmes de pollutions d'origine agricole trouvent une solution spontanée. Cette remarque s'applique d'ailleurs également aux consommateurs.

Les coûts et risques liés aux pratiques économes en pesticides

Les coûts, directs et indirects, des pratiques économes en pesticides

Ces coûts correspondent notamment :
– à l'achat de données ou de conseils élaborés, de matériel spécifique (matériel de piégeage…), de services d'analyses (de feuilles ou de sol…) ;
– au temps consacré à la formation, à l'acquisition d'informations génériques, à l'observation des parcelles et au traitement de ces données, mais aussi aux interventions techniques (un désherbage mécanique prend plus de temps qu'une pulvérisation d'herbicide). Or le coût d'opportunité du travail peut être élevé, notamment dans des exploitations comportant de l'élevage ou de la pluriactivité.

La question des risques et de l'incertitude

Les pratiques économes en pesticides peuvent générer des risques « objectifs », comme ceux liés, par exemple, aux erreurs de diagnostic. L'accroissement des risques productifs, qui serait lié à une augmentation de la variabilité des rendements est en revanche controversé (encadré 13, p. 58). L'effet paraît dépendre des situations : type de cultures, adoption de systèmes de culture qui réduisent les risques phytosanitaires…

13

La difficile évaluation des effets économiques de l'adoption de la protection intégrée

Cette évaluation s'avère difficile pour plusieurs raisons :
– l'*Integrated pest management* (IPM) recouvre en fait une gamme large de pratiques, du simple « raisonnement » des quantités de pesticides à une intégration de méthodes de contrôle biologique, physique, culturale, génétique ou chimique des bioagresseurs, et il est souvent difficile de discerner le degré d'engagement dans ces différentes options et donc de savoir ce qui fait réellement l'objet de l'évaluation ;
– l'évaluation repose en général sur la comparaison de l'IPM à l'agriculture conventionnelle, comparaison qui nécessiterait de bien isoler tous les facteurs d'hétérogénéité (climat, type de cultures...) ;
– la comparaison se limite le plus souvent à la mesure des différences d'utilisation des pesticides, de rendement et de marge brute entre les deux types d'agriculture, pour une récolte donnée ; elle ne prend pas en compte les effets de long terme, ni les effets externes générés pour le reste de la société (externalités dont la valorisation est difficile, voire controversée).

Deux synthèses ont été publiées concernant les pratiques économes en pesticides : une synthèse des travaux empiriques nord-américains, qui portent sur la protection intégrée, et une synthèse d'études européennes, qui s'appuient essentiellement sur des résultats expérimentaux et concernent les techniques de production intégrée.

Impacts sur la rentabilité des cultures

La synthèse des études nord-américaines montre que, dans la majorité des cas, les techniques d'IPM ont permis d'accroître les profits, du fait d'une augmentation des rendements et/ou d'une baisse de consommation de pesticides. Mais dans certains cas (notamment lorsque les pratiques adoptées se limitent à recourir aux observations et comptages dans les parcelles), les gains résultent d'un accroissement de la quantité de pesticides utilisés.

La synthèse des expérimentations européennes montre que la réduction d'intrants conduit, en général, à des coûts de production inférieurs à ceux du système conventionnel, mais aussi à des rendements plus faibles. Toutefois, il apparaît possible d'obtenir une marge au moins équivalente à celle de l'agriculture conventionnelle, l'économie d'intrants compensant les pertes de recettes.

La baisse des rendements constatée tient principalement à l'utilisation de variétés plus rustiques (cf. encadré 17 p. 84). Mais elle peut aussi s'expliquer dans certains cas par des coûts d'apprentissage (pour la maîtrise des nouvelles techniques) et des effets agro-écologiques transitoires, qui sont rarement évoqués dans les travaux.

Cependant, ces comparaisons de rentabilité entre IPM et agriculture conventionnelle ne portent que sur des marges brutes ou nettes par unité de surface, et n'intègrent pas certains coûts, notamment ceux tenant au travail (difficiles à identifier et quantifier).

Effets sur les risques productifs

Les expérimentations européennes, en nombre limité mais suivies sur plusieurs années, permettent d'étudier la variabilité interannuelle des résultats économiques : dans une majorité des cas, la marge subit une variation d'amplitude plus importante avec l'IPM, qui contribuerait donc à accroître le risque. Ces résultats, obtenus au niveau de l'exploitation, masquent en fait des différences entre cultures : ainsi en blé tendre, les itinéraires techniques intégrés (cf. encadré 17, p. 84) permettent d'obtenir des marges brutes au moins équivalentes à celles des itinéraires conventionnels, sans que leur variabilité soit accrue.

D'autres publications mettent en doute le fait que l'adoption de l'IPM induise un accroissement des risques productifs. Différentes études soulignent que l'IPM, notamment lorsqu'elle comprend le contrôle de la pression parasitaire par des mesures prophylactiques, réduit les risques économiques pour les agriculteurs, en diminuant à la fois la variabilité des rendements et les coûts de production.

Un bémol est toutefois apporté concernant le contrôle des adventices : l'IPM semble augmenter les risques, probablement du fait d'un moindre recours possible à des observations au champ (difficulté de connaître le stock de semences dans le sol) pour évaluer suffisamment tôt des potentiels d'infestation. Concernant l'adoption de nouvelles rotations culturales ou de techniques de conservation du sol, les résultats sont fortement contradictoires : les effets sur les risques économiques dépendent des types d'alternatives, des conditions locales et des méthodes d'estimation des risques (variabilité des rendements, prise en compte du risque prix…).

La dimension subjective du risque doit également être prise en compte : il s'agit des risques perçus par l'agriculteur, qui peut notamment surestimer les risques phytosanitaires et donc ceux liés à une utilisation moindre de pesticides. Il est difficile, dans la pratique, de séparer ce qui relève d'une éventuelle aversion au risque (préférence individuelle non modifiable) et d'une appréciation trop pessimiste ou trop incertaine des bénéfices possibles de la nouvelle technique (qu'une information adéquate peut corriger).

Les coûts spécifiques de la phase d'adoption

Dans le cas de pratiques complexes et devant être adaptées localement, au coût de l'investissement initial (formation, achat de matériel spécifique…) s'ajoutent des coûts d'expérimentation et d'adaptation de la nouvelle pratique aux conditions particulières de l'exploitation.

Ces « coûts d'apprentissage », qui correspondent à la réduction de bénéfices au cours de la phase transitoire d'essai et d'adaptation de la nouvelle technique et peuvent être appréciés par l'écart de profit entre un agriculteur qui vient d'adopter la technique et un agriculteur déjà expérimenté, sont en fait rarement évalués.

Ces coûts et risques concourent à restreindre le champ des exploitations susceptibles d'adopter tôt des pratiques innovantes économes en pesticides. Ne seront prêts à le faire que les agriculteurs les plus jeunes (pour lesquels la nouvelle pratique pourra générer d'importants bénéfices cumulés), les mieux formés (pour qui l'investissement initial en formation et les coûts d'apprentissage sont les plus faibles), qui possèdent de grandes exploitations (et peuvent donc consacrer des surfaces à des essais sans prendre trop de risques), dont l'exploitation est en bonne santé financière (ce qui permet une certaine prise de risque), peu averses au risque et/ou qui ont un goût prononcé pour les nouvelles techniques.

Les moyens susceptibles de favoriser l'utilisation des techniques économes en pesticides

Cette identification de freins à l'adoption de pratiques plus économes en pesticides a conduit les pays engagés dans une politique de réduction de la consommation de ces intrants à mettre en place diverses actions.

Développement de services de dépistage des infestations

L'existence de services de dépistage payants permet à l'agriculteur qui ne dispose pas du temps et/ou de la formation nécessaires pour le faire lui-même, de déléguer la surveillance de ses cultures. Un secteur privé du conseil en protection phytosanitaire, assurant notamment le dépistage des infestations, existe déjà aux États-Unis, au Canada, en Grande-Bretagne.

Les effets du dépistage ont été particulièrement étudiés aux États-Unis, qui ont mis en place à partir des années 1970-1980 des programmes visant à développer cette pratique, et possèdent des services privés de surveillance sanitaire des cultures. Le dépistage n'aboutit cependant pas toujours à une réduction d'utilisation des pesticides. Dans ce contexte d'une agriculture plus extensive qu'en Europe, dans laquelle la protection chimique préventive est peu rentable, le dépistage des infestations conduit, en effet, à traiter davantage (en étant sûr que c'est à bon escient), et à intervenir contre des ravageurs qui passaient inaperçus auparavant.

Mise en place d'un système d'assurance

La prise en compte de l'attitude des agriculteurs face au risque a conduit à penser que l'assurance des récoltes pouvait être un instrument intéressant pour réduire les utilisations de pesticides. Les États-Unis ont ainsi mis en place un système d'assurance-récolte. Ce système pose deux types de problèmes :
– il est très largement déficitaire : les remboursements de dommages versés aux agriculteurs dépassent les primes d'assurance payées. La difficulté de définir un système d'assurance-récolte non déficitaire tient notamment à l'« aléa moral » (les agriculteurs assurés ont peu d'incitations à mettre en œuvre les moyens qu'ils utilisent habituellement pour préserver leurs récoltes) et à la « sélection adverse » (s'assurent en priorité ceux qui ont les risques les plus forts). Le système mis en place aux États-Unis s'apparente en fait plus à un système de subvention qu'à un réel système d'assurance : certaines années les primes ne représentent qu'un tiers des remboursements ;

– si l'assurance-récolte réduit l'utilisation des pesticides dans le cas simple d'une seule culture avec pour seul intrant les pesticides, ce résultat est loin d'être acquis dans le cas multiculture et multi-intrant. Dans certains États américains, l'assurance-récolte a accru l'utilisation de pesticides, parce qu'elle a augmenté la sole de cultures consommatrices de pesticides. Dans tous les cas, il est important de rappeler que l'assurance financière des récoltes ne permet, en théorie, que d'éliminer la part des pesticides utilisés pour contrôler la variabilité des rendements (le reste est rentable en moyenne).

De fait, les systèmes d'assurance-récolte sont de moins en moins considérés comme des instruments utiles pour la réduction des utilisations de pesticides, tout au moins aux États-Unis. Ils demeurent tout de même préconisés en tant qu'instruments de stabilisation du revenu d'exploitation, qui constitue leur objectif premier.

Formation et information générale sur les nouvelles techniques

Pour nombre d'agriculteurs, l'adoption de ces techniques requiert un investissement préalable en terme de formation. Les études américaines sur cette question et le fait que les pays « en avance » dans le domaine de la régulation des pesticides aient tous mis en place des politiques de formation (et de conseil) tendent à confirmer ce point.

Par ailleurs, il est indispensable de fournir une information préalable sur les bénéfices attendus de la nouvelle technique, qui permet une rectification éventuelle des (sur)estimations des risques, et une réduction de l'incertitude autour des effets à attendre de la technique.

14

Les dépenses en pesticides

Les dépenses en pesticides à l'hectare sont 6 fois plus importantes pour l'orientation technico-économique des exploitations agricoles maraîchage que pour celles de grandes cultures. Mais leur poids dans l'ensemble des charges opérationnelles et dans le produit brut d'exploitation y est inversement proportionnel. En effet, en maraîchage, mais aussi en production de fruits, les frais de main-d'œuvre pèsent davantage dans les charges que l'achat des produits phytosanitaires. Au total, les dépenses en pesticides n'y représentent qu'une faible part du produit brut d'exploitation.

Importance des dépenses de produits phytosanitaires des exploitations françaises en 2002, pour diverses orientations technico-économiques

	Orientation technico-économique des exploitations (Otex)					
	Céréales et oléoprotéagineux	Ensemble des grandes cultures	Maraîchage	Vins de qualité	Autres viticultures	Fruits et autres cultures permanentes
Dépenses de pesticides (€/ha de SAU)	121	131	685	398	287	410
Part des dépenses de pesticides dans les charges opérationnelles (%) (1)	25,2	22,4	5,8	11,6	24,5	12,4
Part des dépenses de pesticides dans le produit brut d'exploitation (%)	10,2	9,4	2,7	3,8	9,2	6,0

Source : Réseau d'information comptable agricole (Rica).

(1) Charges d'approvisionnement (engrais, semences, pesticides…) + charges de personnel + travaux par tiers + entretien et réparation de matériel.

Le rapport entre les prix des pesticides et ceux des produits agricoles ou des facteurs de production (main-d'œuvre, carburant…) semble encore favoriser les pratiques culturales conventionnelles, et donc le recours aux pesticides (cf. encadré 14, p. 61).

Les changements de pratiques qui permettent de diminuer la « dépendance technique » de la production agricole vis-à-vis des pesticides reposent sur l'utilisation d'intrants particuliers, notamment des connaissances et de l'information en général. L'adoption d'une pratique économe en pesticides constitue un investissement incertain et relativement conséquent, non pas en capital matériel, mais en capital humain et en temps de travail.

Négliger, dans le calcul des rentabilités comparées de la protection phytosanitaire raisonnée et de la protection phytosanitaire systématique, le coût du temps que l'agriculteur passe à surveiller ses cultures, le coût de sa formation au dépistage ou encore le coût de ses éventuelles erreurs de diagnostic conduit à surestimer artificiellement la rentabilité de la protection phytosanitaire raisonnée.

Une politique de régulation difficile à fonder et à mettre en œuvre

Une analyse coûts-bénéfices de l'utilisation des pesticides irréalisable

Théoriquement, toute politique publique de régulation des pollutions devrait être fondée sur une analyse coûts-bénéfices générale c'est-à-dire, en l'occurrence, sur l'évaluation économique de tous les coûts (pour les agriculteurs et la société) et tous les bénéfices (pour les agriculteurs, les autres acteurs économiques du secteur agro-alimentaire, les consommateurs...) de l'utilisation des pesticides.

Il existe d'ailleurs une forte demande des pouvoirs publics pour de telles analyses, qui a généré le développement d'outils d'économie pour donner une mesure monétaire à tous les éléments concernés.

L'impossible évaluation économique des « effets externes »

Les aspects marchands sont les moins difficiles à comptabiliser *a priori* : coûts éventuels de soins dispensés à des personnes victimes d'intoxications, coûts des traitements de potabilisation des eaux contaminées par les pesticides, de remise en état de milieux écologiques... Certains postes posent déjà des difficultés : les achats d'eau en bouteille ou de produits issus de l'agriculture biologique ne sont pas imputables au seul problème des pesticides.

La question est encore plus délicate pour tous les aspects non marchands (valeur patrimoniale des milieux ou de la biodiversité...), que les économistes tentent de cerner par des approches spécifiques. Ces approches visent à estimer le « consentement à payer » des individus pour une amélioration ou une absence de dégradation de la qualité de l'environnement, à travers l'observation de comportements d'usage de l'environnement (pêche récréative...) ou par des techniques de questionnement direct à partir de scénarios contingents.

Par ailleurs, comme on l'a vu plus haut (cf. p. 43), même les bénéfices de l'utilisation des pesticides pour la production agricole sont difficiles à évaluer en l'absence de références sur les performances possibles de systèmes qui seraient conçus pour réduire les risques phytosanitaires.

Étant donné la complexité du problème, l'incertitude entourant certains effets des pesticides et le caractère éthique (effets sur la santé humaine, responsabilité vis-à-vis des générations futures…) de certains des impacts, une analyse coûts/bénéfices de l'utilisation des pesticides n'est pas concrètement réalisable.

Un système « verrouillé » ?

L'hypothèse d'un verrouillage (*lock in*) du système a été posée par certains économistes. Dans son acception économique stricte, le terme désigne une impossibilité de changer de système alors que le système alternatif est avéré plus rentable, condition qui n'est pas nécessairement vérifiée ici. On peut néanmoins conserver le terme pour rendre compte de la conjonction de facteurs qui rendent très difficile la sortie du système actuel.

L'élément déterminant reste la rentabilité des pesticides (cf. p. 55) : dans le contexte économique actuel, la rationalité économique induit le recours aux pesticides.

La dépendance vis-à-vis des pesticides peut aussi être accrue par des facteurs externes au secteur de la production agricole :
– les exigences des consommateurs et/ou du secteur de la distribution en matière d'aspect et de conservation des légumes ou fruits frais, par exemple, tendent à induire l'utilisation de pesticides ;
– la prépondérance d'un secteur de conseil en protection des cultures dépendant de la vente des pesticides tend à favoriser l'emploi de pesticides ;
– le fait que la distribution des semences, des pesticides et des engrais, et la collecte des récoltes sont souvent assurées par les mêmes entreprises renforce le point précédent. La réticence de ces entreprises à distribuer des variétés rustiques ou résistantes à certains bioagresseurs est souvent évoquée comme un frein à la diffusion des pratiques économes en pesticides.

Quelques études récentes analysent le rôle de l'association conseil phytosanitaire/vente de pesticides sur l'utilisation de ces intrants : elles confirment l'effet d'accroissement de l'utilisation. Des études plus nombreuses cherchent à évaluer le consentement à payer des consommateurs pour des produits garantis sans résidus de pesticides. Toutefois ces rôles, potentiellement importants, de l'agro-fourniture, des transformateurs des produits agricoles et des consommateurs sur l'utilisation des pesticides restent encore peu étudiés dans la littérature économique.

Des facteurs socioculturels peuvent également expliquer des difficultés pour l'adoption de systèmes de production alternatifs :
– difficulté à accepter une certaine redéfinition du métier d'agriculteur (jardinier de la nature) et donc d'accepter une nouvelle identité professionnelle reposant sur l'acquisition de nouvelles compétences ;
– fidélité aux valeurs individuelles et à une conception libérale du métier d'agriculteur qui entraîne un rejet des tentatives d'organisation, contrôle, régulation de leur activité par des tiers ;
– culture du « champ propre » (sans adventices ni maladies) et du rendement en tant que vitrine sociale et gage de sérieux et de compétences ;

– isolement, qui est un frein à la conversion à des pratiques où la mutualisation de l'information, voire de la prise de risque, est un facteur important ;
– rejet de l'idéologie qui accompagne parfois la promotion des nouvelles pratiques ou nouveaux systèmes (idées « écolo », « environnementalistes », considérées comme illégitimes dans l'univers sociotechnique de l'agriculteur).

Il semble difficile d'attendre que la sortie de ce système se fasse sur la base d'une analyse coûts-bénéfices globale, dont on a vu qu'elle était irréalisable. Seuls des choix politiques, fondés sur une forte valorisation des effets avérés des pesticides sur la dégradation de l'environnement et/ou sur l'invocation du « principe de précaution » à propos des effets de long terme de ces produits, sont à même de modifier la situation actuelle.

En outre, cette volonté politique doit se traduire non seulement par une intervention au niveau du secteur agricole (utilisateur des pesticides) mais également par une intervention sur les points de « verrouillage » que constituent une demande de l'aval de produits « zéro défaut », un conseil dispensé par les structures qui vendent les pesticides…

2

Actions techniques possibles

Ces actions techniques visent une limitation de la dispersion des pesticides dans l'environnement et une réduction de l'utilisation des pesticides. On considère classiquement que ce second objectif peut être poursuivi en raisonnant l'application de ces produits, et/ou en appliquant une combinaison de méthodes de lutte à effets partiels, qualifiées d'« alternatives », en complément ou en remplacement des méthodes chimiques habituelles (protection intégrée).

Le rapport d'expertise comprend un chapitre qui récapitule les options techniques et les moyens à mettre en œuvre pour atteindre 3 « niveaux d'objectifs » (cf. encadré 23 p. 120) : niveau « T » (comme Transfert) : limiter les transferts de pesticides ; niveau « R » (comme Raisonnement) : réduire la consommation de pesticides par un raisonnement accru de leur utilisation ; niveau « S » (comme Systèmes) : réduire la consommation de pesticides par des systèmes de culture diminuant les risques phytosanitaires. Les chapitres p. 69, 75 et 79 correspondent respectivement aux volets techniques de ces niveaux T, R et S.

Réduire la dispersion des pesticides dans l'environnement

Nombre des actions mentionnées ici sont communément proposées, en particulier pour réduire la contamination des eaux. Néanmoins, la question de la garantie de leur efficacité reste posée.

Le transfert des pesticides est le résultat d'une très forte interaction entre les propriétés des molécules, les caractéristiques du milieu, les conditions climatiques et les pratiques agricoles. Si les processus en jeu sont assez bien connus, leur quantification reste en revanche très imprécise, en dehors de quelques situations expérimentales lourdement instrumentées. Les modèles de transfert disponibles permettent de tester des scénarios de changement de pratiques ou d'introduction de mesures de gestion correctives. Ils peuvent être utiles pour l'aide à la décision et pour la comparaison de l'efficacité des mesures de gestion. Mais la validation des prédictions est un point difficile nécessitant un investissement expérimental considérable en particulier à l'échelle du bassin versant. Par conséquent, il ne paraît pas simple de valider l'efficacité des mesures élémentaires proposées, et *a fortiori*, celle de combinaisons de mesures.

Adapter les usages de produits phytosanitaires aux conditions de milieu

L'autorisation de mise sur le marché (AMM) des produits phytopharmaceutiques étant émise au niveau national, l'évaluation des risques sur lesquels elle repose doit garantir un niveau de risque acceptable à l'échelle nationale, c'est-à-dire dans (presque) toutes les conditions de milieu. Or cette évaluation des risques est effectuée sur un scénario standard d'utilisation du produit, qui ne prend donc pas en compte les divers types de milieux associés à des risques spécifiques. Cette méthode peut induire soit une sous-estimation des risques pour certains milieux, soit une décision (justifiée dans des zones à risque) de ne pas autoriser un produit à l'échelle nationale qui peut créer un « vide phytopharmaceutique » pouvant conduire, dans les zones à risque moindre, à l'emploi de produits plus défavorables.

La prise en compte des conditions de milieu dans l'évaluation des risques réalisée en amont des AMM présenterait l'intérêt de répondre plus spécifiquement aux impératifs de protection des milieux en offrant davantage de flexibilité dans la réponse aux besoins de protection des plantes.

Réduire les pertes à l'application

La réduction des pertes lors de l'application, ou juste après, passe par une amélioration des propriétés des préparations commerciales phytosanitaires et de leurs conditions d'application.

Améliorer les propriétés des préparations des substances actives

Les formulations des substances actives et l'ajout éventuel d'adjuvants lors de la préparation de la bouillie, qui visent à améliorer l'efficacité du produit, peuvent avoir des effets négatifs ou contradictoires sur les risques de pertes. Par exemple, augmenter l'adhésion et la mouillabilité des produits de traitement foliaire permet de diminuer le lessivage des feuilles mais peut favoriser la volatilisation.

Il est possible d'adapter les formulants ou adjuvants pour améliorer les propriétés des préparations : optimiser la taille et la densité des gouttes pour limiter les pertes par volatilisation des gouttelettes, augmenter le taux de pénétration foliaire, accroître la résistance à l'abrasion des granulés et des enrobages de semences…

Améliorer les techniques d'épandage

Les évolutions technologiques des appareils peuvent conduire à des sauts qualitatifs importants. Ainsi, le simple remplacement des buses traditionnelles par des buses à injection d'air permet de réduire considérablement la quantité des gouttes les plus fines (les plus susceptibles d'être dispersées par le vent) et donc la dérive. L'optimisation des procédés reste cependant délicate.

Concernant les matériels en service, les contrôles techniques des appareils ne constituent que des préalables, nécessaires mais loin d'être suffisants. En effet, malgré la plus grande difficulté de mise en œuvre, c'est l'optimisation des réglages qui se traduira par la plus grande économie de produit.

Respecter les conditions d'application limitant les pertes

Sont à proscrire, les traitements par vent trop fort, par hygrométrie trop faible, par température trop basse ou trop élevée selon le type de pesticide, ou lorsqu'un épisode pluvieux est prévu. Pour des composés présentant une volatilisation forte juste après l'application, on pourrait aussi envisager, dès que les mécanismes en jeu seront entièrement appréhendés, des préconisations concernant la meilleure plage horaire dans la journée pour l'application afin de limiter l'intensité de ces pertes.

Les préconisations d'incorporation du produit au sol, efficace pour limiter la volatilisation de certains composés, doivent être suivies.

Les périodes d'épandage devraient également tenir compte du type et de l'état des sols. En effet, un certain nombre de substances mobiles peuvent être transférées rapidement : par ruissellement, en hiver, sur des sols hydromorphes saturés ; par écoulement préférentiel sur sols argileux secs et fissurés.

Il est possible de limiter les pertes par la combinaison d'améliorations techniques complémentaires, portant sur les propriétés des préparations commerciales, ainsi que sur les techniques et conditions d'épandage. On peut, par exemple, réduire la dérive en agissant sur les formulations ou les adjuvants ajoutés lors de la préparation de la bouillie, le type de buses, le réglage du pulvérisateur, les conditions météorologiques.

Ces améliorations qui accroissent la proportion de produit qui atteint sa cible et s'y maintient, permettent donc de réduire les doses appliquées.

Des expérimentations menées en grande culture comme en viticulture ont montré qu'avec une optimisation des réglages et un respect des conditions d'application, on pourrait diminuer la dose homologuée de 15 %, voire 30 %, sans perte d'efficacité.

Réduire les transferts dans et hors de la parcelle

Le transfert de pesticides par ruissellement étant généralement plus important que celui occasionné lors de la lixiviation dans le sol, il est le plus souvent opportun de favoriser l'infiltration — à moins que le diagnostic local ne conduise à privilégier la protection d'une éventuelle nappe (ou d'un réseau de drainage) par rapport à celle des eaux de surface.

La matière organique jouant un rôle essentiel dans la rétention de nombreuses substances actives et dans l'activité microbienne de dégradation, les pratiques accroissant le niveau humique des sols sont à favoriser.

Ces principes conduisent à considérer comme favorables à la réduction des transferts :
– le maintien d'un couvert végétal : implantation d'une interculture ; enherbement de l'inter-rang en culture pérenne, voire en culture annuelle (maïs), si la concurrence avec la culture n'est pas rédhibitoire ;
– le maintien des résidus de cultures sur le sol en cas de non-labour ;
– les apports d'amendements organiques…

Intercepter les flux polluants

Il est possible de réduire les transferts vers les eaux par des aménagements qui visent à favoriser l'infiltration des ruissellements chargés en pesticides. Les dispositifs les plus connus sont les zones tampons constituées de bandes enherbées (ou boisées).

Les zones tampons enherbées (ZTE)

Leur efficacité s'avère très variable (de très faible à près de 100 % d'interception des pesticides). L'efficacité d'une ZTE tenant essentiellement à sa capacité d'infiltration, elle est très réduite si la ZTE est saturée (cas fréquent des zones hydromorphes en hiver), ou si elle intercepte un écoulement concentré. La ZTE peut même avoir un effet négatif si elle favorise l'infiltration vers une nappe sensible.

L'efficacité d'une ZTE dépend de sa localisation dans le bassin versant, des conditions locales de milieu (sol, sous-sol…) et de son entretien ; seuls un diagnostic local précis du fonctionnement du système et la mise en œuvre éventuelle d'aménagements de dispersion du ruissellement peuvent garantir son efficacité.

Autres aménagements

Bandes boisées, haies : leur intérêt relève de la même logique de rétention et d'infiltration que pour les ZTE ; s'y ajoutent un effet de barrière lorsque la haie est associée à un talus, et un effet sur la dispersion atmosphérique.

Fossés : le maintien d'une végétalisation contrôlée des fossés favorise la rétention des molécules dans le réseau hydrographique lors du transfert vers les eaux de surface. L'effet attendu va de significatif dans le cas de faibles débits d'écoulement, à probablement mineur en cas de forts débits à charge polluante élevée. Le gain de cette action par rapport à son coût (investissement en matériel d'entretien des fossés, temps de travail…) n'est pas évaluable en l'état des connaissances.

Zones humides : ces milieux sont susceptibles de permettre la rétention et la dégradation de certains pesticides ; les références scientifiques sont insuffisantes toutefois pour évaluer le degré final de dégradation des molécules, selon leurs caractéristiques et les conditions physico-chimiques locales. Orienter les zones humides vers une fonction tampon peut toutefois compromettre les autres fonctions environnementales (biodiversité, rôle de refuge…) qui motivent justement leur préservation.

Répartition spatiale des cultures : l'alternance sur les versants et dans les talwegs de cultures d'hiver et de cultures de printemps (voire de prairies) réduit les surfaces qui contribuent au ruissellement selon les périodes de fortes précipitations printanière ou estivale, et permet que les ruissellements provenant de parcelles amont puissent être interceptés par une parcelle aval à bonne infiltrabilité. Une telle mesure nécessite une coordination entre agriculteurs exploitant un même bassin versant.

Si l'on dispose d'un vaste ensemble de techniques pour réduire les transferts de pesticides, ces techniques sont loin d'être totalement maîtrisées (on manque en particulier, et de manière récurrente, d'expérimentations locales permettant d'adapter ces techniques à des conditions locales très variées). Pour la même raison, il y a nécessité de mettre en œuvre des diagnostics locaux des conditions de transfert des pesticides. Même les techniques les mieux connues sont encore relativement peu pratiquées (à l'exception des ZTE).

Il faut néanmoins être attentif au bilan environnemental de ces pratiques, dont il faut considérer tous les effets. Par exemple, l'enherbement de l'inter-rang en culture pérenne améliore l'infiltrabilité du sol, mais sa destruction peut ensuite se faire avec un herbicide de post-levée à des doses plus fortes que celles utilisées en prélevée pour maintenir le sol nu... De la même manière, la présence de zones tampons enherbées permettra sous certaines conditions de réduire les transferts par ruissellement et érosion mais pourra engendrer un risque de contamination plus importante des ressources en eau sous-jacentes.

Il est probablement illusoire d'espérer pouvoir supprimer totalement les transferts de pesticides dans l'environnement, tout particulièrement dans les milieux les plus vulnérables ; la limitation de l'utilisation des pesticides paraît ainsi indispensable si l'on vise une réduction très significative de la contamination des milieux. La relation entre réduction de l'utilisation des pesticides et réduction des contaminations n'étant très probablement pas linéaire, la réduction de l'utilisation devra certainement être substantielle pour garantir un effet quelles que soient les conditions pédoclimatiques et agronomiques.

■ « Raisonner » l'utilisation des pesticides

« Raisonner » l'emploi des pesticides consiste à fonder leur utilisation sur la nécessité objectivement mesurée d'en employer dans un contexte précis. Le résultat du raisonnement est une décision de type tactique, prise après la mise en place du peuplement végétal.

Les points du raisonnement

Première étape vers une réduction de l'utilisation de pesticides, le raisonnement peut intervenir à différents niveaux.

Réduction de la fréquence des traitements

Cette réduction peut être obtenue par l'utilisation de méthodes d'évaluation du risque (cf. p. 49), dont il est important de rappeler qu'elles envisagent généralement le risque d'épidémie, et très rarement le risque de perte de récolte.

Réduction des doses appliquées par unité de surface par un meilleur ciblage de l'application

Cette réduction des doses élémentaires, qui concerne principalement les herbicides et les pulvérisations contre les maladies foliaires, consiste à adapter l'intensité du traitement à la nature, à l'état (stade, abondance) et à la distribution spatiale des bioagresseurs visés, ou à effectuer un traitement de précision (taches de mauvaises herbes, foyers de maladies), par détection automatique (capteurs embarqués) ou grâce à un ajustement par l'utilisateur.

La localisation des traitements permet de réduire la dose apportée à l'hectare. En désherbage, il est par exemple possible de réduire fortement la quantité d'herbicides appliquée (2/3 en viticulture et dans certaines cultures annuelles comme le maïs) en ne traitant que sous le rang, l'inter-rang étant enherbé ou travaillé mécaniquement.

Les traitements fongicides ou insecticides peuvent être mieux localisés sur les cibles (feuilles, fruits). Ainsi, les pulvérisations « face par face » permettent-elles d'optimiser les dépôts sur les feuillages. Il est alors possible de réduire la dose en fonction du stade végétatif, notamment en début de végétation.

Ces différentes solutions nécessitent généralement une plus grande spécialisation des appareils de traitement, et demandent un réglage minutieux des pulvérisateurs.

Respect des conditions d'efficacité des traitements

Le suivi des conditions météorologiques permet de prévoir l'évolution des bioagresseurs ou l'efficacité d'un traitement (cf. p. 70). Des intervalles de conditions climatiques optimales pour chaque produit sont à définir en dehors desquels les traitements deviennent inutiles car inefficaces. La qualité du traitement dépend ainsi de l'organisation du travail dans l'exploitation et de la possibilité d'intervenir le moment voulu dans les meilleures conditions.

Choix du produit pour réduire les risques environnementaux

Un tel choix nécessite que l'agriculteur dispose de l'information nécessaire, ce qui est rarement le cas actuellement. Des outils d'aide au choix multicritère des pesticides sont toutefois en cours de développement, comme le logiciel Decid'herb (qui associe dans sa conception l'Inra, Arvalis - Institut du végétal et le Cetiom) dans le domaine des herbicides, qui intègre les incidences environnementales et économiques des choix de produits.

Prévention de l'apparition des résistances aux pesticides

Plusieurs règles contribuent à la gestion préventive des résistances : alterner les substances actives dans le temps ou l'espace et/ou les associer ; limiter le nombre d'applications par matière active ou par famille ; éviter les traitements répétés à dose très faible avec la même substance active.

Il peut être nécessaire, dans certains cas de conserver des zones refuges sans traitement permettant aux populations sensibles de se maintenir afin d'éviter la généralisation des résistances, ou de mettre en œuvre, temporairement, des méthodes ou stratégies alternatives à l'utilisation des pesticides, même si elles présentent une moindre efficacité.

> La détermination d'un risque et le choix du produit le mieux adapté à une situation de risque donné impliquent pour les agriculteurs d'améliorer leurs capacités de diagnostic et d'identification des bioagresseurs à combattre, mais aussi de disposer d'éléments d'informations permettant d'identifier les produits phytosanitaires susceptibles d'apporter une efficacité adaptée au risque tout en générant des effets non intentionnels restreints sur la santé humaine ou l'environnement.

Conditions et contraintes de mise en œuvre

Les obligations de moyens fixées à l'agriculteur dans le référentiel « agriculture raisonnée » sont : une obligation d'information (abonnement à un journal et à un service de conseil technique indépendant de la commercialisation) et de formation, la réalisation d'observations sur des parcelles représentatives et l'enregistrement des pratiques (interventions par îlot et facteur déclenchant).

Enregistrement des pratiques

Ce point est inclus dans le référentiel AR, et rendu obligatoire (théoriquement à partir du 1ᵉʳ janvier 2006) par le règlement (n° 852/2004) relatif à l'hygiène des denrées alimentaires. Mais aucune de ces mentions ne prévoit de valorisation de ces enregistrements, alors qu'ils devraient servir à l'agriculteur de tableau de bord de ses pratiques et de leur évolution.

Il conviendrait donc de passer du simple respect d'une obligation pouvant être contrôlée à une logique d'évaluation et d'amélioration des pratiques, et de proposer des indicateurs simples à renseigner par l'agriculteur et/ou son conseiller, pour faire de cet enregistrement un véritable outil de gestion pour l'agriculteur (choix des produits, évolution des pressions parasitaires et des utilisations de pesticides…).

Dépistage

L'intérêt des techniques de dépistage dépend des pratiques culturales utilisées. Pour les grandes cultures européennes, l'intérêt du dépistage réside dans l'économie des traitements inutiles. Or dans le cas des pratiques culturales les plus intensives, la fréquence des infestations potentiellement dommageables est relativement élevée et l'agriculteur sera peu incité à utiliser le dépistage, qui lui donnera en fait peu l'occasion d'économiser des traitements.

L'engagement à pratiquer un dépistage est difficile à contrôler (s'il n'est pas réalisé par un service extérieur), et ne garantit pas une réduction d'utilisation des pesticides.

Marges de manœuvre théoriques et contraintes pratiques

Une interprétation exigeante du « raisonné » est effectivement susceptible de réduire (très) sensiblement les traitements phytosanitaires, mais il :
– nécessite une formation préalable dans laquelle tous les agriculteurs ne sont probablement pas prêts à investir ;
– exige une surveillance des parcelles d'autant plus assidue que le système de culture est « intensif » et induit des risques phytosanitaires élevés ; un tel suivi est peut-être peu compatible avec une mise en œuvre sur de grandes superficies par travailleur ;
– représente une prise de risque — d'autant plus importante que l'on a affaire à un produit agricole cher (vin…) — des exploitations spécialisées…;
– peut s'avérer peu « durable », le maintien des populations de bioagresseurs juste en dessous des seuils de nuisibilité pour la culture en place n'empêchant pas la constitution de populations résiduelles (graines d'adventices, spores de champignons pathogènes…) dommageables pour les cultures suivantes (et qui nécessiteront rapidement le retour à des traitements plus importants).

En grande culture, si le raisonnement de tous les traitements permet en théorie de réduire significativement les quantités de pesticides appliquées (cf. encadré 18 p. 88), la durabilité agronomique d'un tel système (en l'absence de toute mesure visant à réduire les risques phytosanitaires) est vraisemblablement limitée. Il est probablement plus efficace dans la durée de chercher en premier lieu à réduire les risques phytosanitaires de manière prophylactique, puis dans un second temps à raisonner la lutte chimique.

Pour les systèmes de culture, et notamment les productions pérennes, dans lesquels les possibilités de réduction des risques sont plus limitées, le raisonnement des traitements ne permet probablement pas de beaucoup diminuer leur nombre.

Réduire le recours aux pesticides

Cette limitation du recours aux pesticides passe par une diversification des méthodes de lutte contre les bioagresseurs et la conception de systèmes de culture qui réduisent les risques phytosanitaires.

Utiliser la résistance des cultures aux bioagresseurs

Les possibilités offertes par l'amélioration génétique

Il convient de distinguer résistance, totale ou partielle, et tolérance : la résistance génétique d'une variété contribue à empêcher, ralentir ou rendre moins efficace le cycle de reproduction du bioagresseur ; une variété dite « tolérante » reste sensible, mais ses caractéristiques morphologiques la rendent moins vulnérable aux dégâts occasionnés par un niveau donné de population de bioagresseur.

L'amélioration variétale concerne surtout les résistances aux maladies : céréales résistantes aux rouilles, aux septorioses, à l'oïdium, au piétin verse, aux fusarioses… Il existe également quelques résistances ou tolérances aux ravageurs : porte-greffe de vigne contre le phylloxéra…

Il n'existe en revanche pas de variétés sélectionnées pour leur aptitude à la compétition vis-à-vis des adventices (il existe une demande de l'agriculture biologique pour des céréales qui couvrent davantage et plus rapidement le sol pour étouffer les mauvaises herbes).

La transgenèse, en élargissant les sources de gènes utilisables *a priori*, et en accélérant le travail de transfert de ces gènes à des variétés déjà performantes, peut être envisagée comme une voie d'obtention de variétés nécessitant moins de traitements pesticides. Les applications sont actuellement peu nombreuses : résistance à quelques ravageurs et, dans une logique toute différente, tolérance à un herbicide total qui peut alors être utilisé sans risque pour la culture. Le recours à des cultures génétiquement modifiées pose le problème de leur acceptabilité sociale, mais aussi de leur bilan environnemental et de leur réelle contribution à une réduction d'utilisation des pesticides (cf. encadré 15 p. 80).

Mise en œuvre

Le contournement en quelques années de résistances totales monogéniques démontre l'intérêt des résistances partielles et polygéniques aux bioagresseurs, et l'intérêt de diversifier, dans le temps et dans l'espace, les résistances utilisées pour retarder leur contournement. L'une des méthodes consiste à utiliser les associations variétales, semis en mélange de variétés porteuses de gènes de

OGM et emploi des pesticides

Le génie génétique — défini d'une manière simpliste comme la création par transgenèse de variétés totalement résistantes à un bioagresseur — constitue l'archétype d'une « alternative à l'utilisation de pesticides ». Cet argument environnemental d'une réduction d'emploi des pesticides est d'ailleurs cité dans les débats sur l'intérêt des OGM.

Malgré les nombreuses questions et controverses que soulèvent ces OGM, les recherches et études publiées sont pour l'instant peu nombreuses. La plupart utilise des résultats obtenus aux États-Unis, qui connaissent un fort développement de ces cultures depuis 1996, sans que les interprétations soient toujours convergentes, concernant notamment l'évolution des consommations de pesticides induites par ces OGM. Les OGM actuellement cultivés dans le monde relèvent de deux logiques très différentes : la résistance à un bioagresseur et la tolérance à un herbicide à large spectre.

Les plantes génétiquement modifiées résistantes à un ravageur

La résistance au bioagresseur est obtenue par la synthèse, par la plante elle-même, d'une molécule pesticide. Les variétés actuellement commercialisées sont dotées de gènes de la bactérie *Bacillus thurengiensis* (Bt) qui les rendent résistantes à des lépidoptères (pyrale, sésamie). Les effets attendus sont la suppression, ou du moins la réduction, des pulvérisations d'insecticides contre le bioagresseur ciblé.

Les données nord-américaines montrent plutôt, au-delà d'une diversité régionale des situations, une réduction du nombre de traitements insecticides contre les bioagresseurs visés, une baisse plus limitée des quantités appliquées, et l'abandon de l'emploi de molécules particulièrement toxiques (organophosphorés).

Certains auteurs s'interrogent sur l'intérêt de cette stratégie consistant à « mimer » le mode d'action des pesticides, c'est-à-dire à privilégier un mode d'action unique et fort pour détruire un bioagresseur, et posent la question de l'adaptation des organismes visés et donc de la durabilité de la méthode.

Les plantes génétiquement modifiées tolérantes à un herbicide à large spectre, le glyphosate

La tolérance à un herbicide à large spectre — et présentant *a priori* un profil (éco) toxicologique plus favorable et une faible persistance — permet une utilisation de cet herbicide sans risque pour la culture. Les variétés commercialisées sont tolérantes au glyphosate (substance active du *Round up*®). Les effets attendus sont une réduction des quantités totales d'herbicides appliquées et du nombre des substances actives, et donc de la diversité des polluants potentiels.

Il subsiste toutefois des interrogations sur l'impact global de cette technique :
– si le glyphosate présente un profil écotoxicologique plus favorable que les herbicides sélectifs substitués, un accroissement des surfaces traitées laisse présager une augmentation des teneurs en glyphosate dans les eaux ;
– la gestion des repousses des plantes génétiquement modifiées et de leur dispersion hors de la parcelle nécessitera le recours à des herbicides supplémentaires ;
– l'emploi massif du glyphosate va favoriser l'apparition d'adventices résistantes.

Là encore, les données mettent en évidence des disparités entre régions, mais avec, en moyenne, une non-réduction, voire une légère augmentation des quantités d'herbicides utilisées.

résistance différents, dont l'efficacité repose sur le cumul de plusieurs modes d'action (effets de barrière, de dilution des spores, stimulation des mécanismes de défense…).

La résistance génétique d'une plante peut s'accompagner d'une légère baisse de son potentiel de rendement, qui compromet son inscription au catalogue officiel des variétés. La mise sur le marché de blés rustiques multirésistants aux maladies, dont le potentiel de rendement reste un peu inférieur à celui des variétés de même génération plus productives mais sensibles, n'a été possible que parce que le Comité technique permanent de la sélection (CTPS) accorde désormais aux variétés un bonus pour la résistance aux maladies.

Les productions pérennes ont des contraintes particulières pour l'utilisation de variétés plus résistantes : durée de vie de la plantation, cadre réglementaire (en vigne, les AOC sont liées à un cépage), commercialisation (introduction difficile sur le marché de nouvelles variétés de fruits).

Privilégier les techniques de lutte non chimiques

La lutte biologique

L'agent de lutte peut être un prédateur, un parasitoïde, un agent pathogène (champignon, bactérie, virus…) ou un concurrent du bioagresseur visé. On distingue : la lutte par introduction-acclimatation d'une nouvelle espèce dans un environnement ; la lutte par des lâchers, massifs (lutte « inondative ») ou en petite quantité (lutte « inoculative ») d'un ennemi du bioagresseur ; la manipulation environnementale qui vise à favoriser les ennemis du bioagresseur naturellement présents (auxiliaires).

Il convient cependant de prendre en considération les risques liés à l'introduction d'organismes auxiliaires qui pourraient s'attaquer à d'autres espèces que celle ciblée.

La lutte biologique est surtout appliquée contre les ravageurs : insectes (lutte par prédateurs, parasitoïdes, maladies), acariens phytophages (lutte par

Efficacité actuelle des différentes méthodes de lutte — exemples

Mises en œuvre sur blé d'hiver

Principaux groupes de bioagresseurs	Importance actuelle des bioagresseurs	Efficacité actuelle des méthodes de lutte mises en œuvre				
		Lutte chimique	Résistance variétale	Lutte biologique	Lutte physique	Système de culture
Champignons pathogènes (*lato sensu*) septorioses, rouilles, fusarioses, piétins, oïdium	+++	++ (1)	+++	-	+ (4)	++ (6)
Adventices : vulpin et *ray-grass* notamment	+++	++ (2)	-	-	++	+++ (7)
Virus, viroïdes et mycoplasmes : jaunisse nanisante de l'orge	+	+ (3)	-	-	+ (5)	-
Insectes : pucerons, mouches, taupins	+	++	+	-	+	+
Nématodes	+	-	+	-	-	++ (8)
Limaces	+	+	-	-	-	++ (9)

(1) Traitements de semences ou applications en culture.
(2) Traitements de pré-semis, de pré- ou postlevée.
(3) Lutte contre les pucerons, vecteurs de viroses.
(4) Par exemple, la gestion des repousses par des opérations de déchaumage influence la survie estivale de la rouille brune (*Puccinia triticina*).
(5) Par exemple, la gestion des repousses estivales par des opérations de déchaumage influence le cycle des pucerons, vecteurs de viroses.
(6) Les maladies telluriques notamment sont sensibles à l'interaction entre le travail du sol et les précédents culturaux, la date et la densité de semis, la fertilisation azotée (dose et forme).
(7) La période d'implantation est un levier pour défavoriser certaines mauvaises herbes qui ne lèvent qu'à une période donnée de l'année. Le travail du sol, et notamment le labour, permet de gérer le stock semencier des adventices.
(8) Diminuer la fréquence de retour des céréales, adapter la date de semis et le travail du sol permettent de contrôler les nématodes.
(9) Par exemple, l'enfouissement des résidus de culture est défavorable au développement des limaces.

Mises en œuvre en arboriculture fruitière (dans son ensemble, incluant les fruits à noyaux)

Principaux groupes de bioagresseurs	Importance actuelle des bioagresseurs	Efficacité actuelle des méthodes de lutte mises en œuvre				
		Lutte chimique	Résistance variétale	Lutte biologique	Lutte physique	Système de culture
Champignons (*lato sensu*)	+++	++	+	-	-	++
Bactéries	++	-	-	-	+	++
Virus, viroïdes, mycoplasmes	+++	+	+	+	-	++
Acariens	+	++	-	+	-	-
Insectes	+++	++	-	+	-	-
Nématodes	+	-	-	-	-	+
Adventices	+	+++	-	-	-	+++

acariens prédateurs), nématodes (lutte par champignons nématophages). Elle agit souvent contre un spectre étroit de bioagresseurs et est sensible aux traitements pesticides.

Elle concerne peu les maladies. On peut toutefois signaler l'homologation récente d'un agent biologique en tant que traitement des sols contre la sclérotiniose (cultures légumières, colza, soja, tournesol…).

La lutte biologique est très peu développée en grande culture : seul le trichogramme contre la pyrale du maïs est utilisé sur des surfaces importantes ; la commercialisation de l'agent contre la sclérotiniose est très récente.

Elle l'est davantage en cultures légumières, notamment en production sous abri (80 % des tomates seraient concernés), mais l'expérience montre qu'elle peut y être remise en cause par un retour à des traitements insecticides pour éliminer un nouveau ravageur.

En vergers, il existe des cas ponctuels d'acclimatations réussies. L'exemple récent le plus cité est l'introduction de phytoséides (acariens prédateurs d'acariens). Les techniciens du développement en ont été les principaux acteurs en France, et ils ont accompagné ces introductions d'un soutien aux recommandations de l'Organisation internationale de lutte biologique (OILB), ou des instituts techniques (Acta, CTIFL) en matière de respect des seuils d'intervention par acaricides chimiques.

Il existe d'importants besoins de produits (c'est-à-dire d'agents biologiques formulés) pour la lutte biologique qui ne sont pas couverts, alors que les résultats scientifiques disponibles indiquent l'efficacité de ces produits.

Leur développement est confronté à plusieurs difficultés : coût d'homologation élevé pour un marché souvent étroit ; difficultés techniques pour la mise au point de la multiplication à l'échelle commerciale de l'agent biologique et d'une forme de survie pour sa distribution ; traitements pouvant être plus fréquents, coût pour l'agriculteur ; sensibilité de l'agent aux conditions environnementales…

Par exemple, des lâchers de punaises *Anthocoris nemoralis* pour la lutte contre le psylle du poirier ou de coccinelles *Harmonia axyridis* contre diverses espèces de pucerons des arbres fruitiers ont été évalués au cours des années 90. Des incertitudes quant aux conditions d'efficacité de la méthode, et un coût de la production de ces auxiliaires trop élevé n'ont pas permis une utilisation pratique.

La lutte biotechnique

Cette catégorie regroupe des méthodes utilisant des phénomènes biologiques ou des produits d'origine biologique, mais pas d'organismes vivants. Citons :
– la confusion sexuelle, qui consiste à perturber la reproduction des insectes par la diffusion massive de phéromones sexuelles ; cette méthode est aujourd'hui utilisée sur maïs, sur vigne et en vergers ;

– l'induction de résistance chez la plante, par des éliciteurs qui activent ses mécanismes de défense naturelle. Rapportés de longue date, ces phénomènes connaissent un regain d'intérêt depuis une dizaine d'années, mais les applications restent aujourd'hui limitées. L'une des premières fut le développement d'un produit homologué en Europe vis-à-vis de l'oïdium du blé et du mildiou du tabac. Plusieurs limites sont citées : une efficacité souvent partielle qui nécessite l'association avec un fongicide, une action peu spécifique, la nécessité d'une application préventive et un « coût physiologique » pour la plante mal évalué.

La lutte physique

Ces méthodes incluent toutes les techniques dont le mode d'action primaire ne fait intervenir aucun processus biologique ou biochimique, soit :
– la lutte mécanique, qui concerne les adventices (travail du sol, fauche, utilisation de paillis, désherbage manuel, inondation) et les insectes (barrières physiques contre leur entrée telles que filets, pellicule plastique…) ;
– la lutte thermique, par échauffement létal ou diminution de la température en dessous du point de congélation, employée contre ravageurs et adventices. Le désherbage thermique (eau chaude, flamme, infrarouge) fait l'objet de travaux dans le cadre de l'agriculture biologique. On peut citer également la désinfection des sols par solarisation, qui consiste à chauffer le sol, couvert d'une bâche translucide, grâce au soleil ;
– la lutte électromagnétique par passage d'un courant électrique, contre les adventices, qui reste peu développée en raison de son coût, et n'est actuellement pas au point.

La plupart des méthodes de lutte non chimiques et les résistances génétiques des cultures vraisemblablement les plus durables n'ont qu'une efficacité partielle contre les bioagresseurs.

Elles pâtissent donc d'une comparaison avec la lutte chimique qui, efficace et fiable, est érigée comme référence, souvent implicite. Ces autres méthodes bénéficient rarement des conditions d'évaluation adéquates, soit parce qu'elles sont testées hors contexte réel de production (méthodes de lutte biologique, par exemple), soit parce que leur efficacité est évaluée par rapport à un témoin protégé chimiquement, et non par rapport à un témoin sans aucune protection.

L'exemple des blés rustiques « bas intrants »

Les connaissances acquises sur la physiologie des cultures au champ et le fonctionnement de l'agrosystème ont permis de proposer d'autres logiques de conduite des cultures, moins intensives, qui ont été mises à l'étude à l'Inra dans les années 80 et 90. Des résultats très probants ont été obtenus sur blé, mais aussi sur tournesol, sorgho et colza.

L'entrée dans une logique de réduction des intrants se fait par *le choix d'un objectif de rendement inférieur au potentiel* qui, pour le blé, donne la possibilité :
– de semer plus tard ou moins dense et de réduire l'alimentation azotée précoce, ce qui diminue les risques de verse, d'insectes ravageurs et de maladies, et permet donc de réduire les traitements phytosanitaires et les régulateurs de croissance ;
– de choisir la variété sur d'autres critères que le rendement maximum, en particulier sur sa résistance aux maladies ce qui permet d'aller plus loin dans les réductions d'intrants.

Dès le milieu des années 80, des expérimentations comparant 2 itinéraires techniques dont les objectifs de rendement différaient de 15 q/ha, ont permis de montrer que l'on pouvait réduire le rendement sans diminuer les marges brutes. L'objectif de rendement réduit permettait une baisse des charges de culture d'environ 40 %, obtenue par une réduction de 10 ou 15 % sur l'engrais azoté, 40 % sur les semences, 70 % sur les fongicides et 100 % sur les régulateurs.

Au cours des années 90, ces premiers résultats ont été confirmés, dans plusieurs régions, par l'Inra et par des chambres d'agriculture sur des réseaux d'essais, en station expérimentale ou chez des agriculteurs. Ces travaux montraient aussi que l'intérêt des itinéraires techniques à intrants réduits s'accroît quand le prix du blé baisse : à 125 F/q (soit 19 €/q environ, prix du début des années 80), l'itinéraire intensif était le plus rentable ; à 10 €/q, l'itinéraire « bas intrants » obtient en moyenne une marge nettement supérieure. La variabilité des rendements et des marges n'est pas accrue par la réduction des intrants, car celle-ci s'accompagne d'une réduction maîtrisée de la verse et des maladies.

La crédibilité des itinéraires techniques « bas intrants » a été renforcée ces dernières années par la mise sur le marché de *variétés rustiques multirésistantes* aux maladies (dont le potentiel de rendement reste inférieur, de 5 à 10 q/ha, à celui des variétés de même génération plus productives mais sensibles). Un réseau de test d'itinéraires techniques adaptés aux variétés rustiques, regroupant l'Inra, l'Institut technique des céréales et des fourrages (ITCF) et les sélectionneurs privés du groupement d'intérêt économique (GIE) : « Club des Cinq », a été lancé en 1999 à l'initiative de l'Inra pour tester les performances agronomiques et économiques de différents couples [variété x itinéraire technique].

Intérêt économique comparé de différents couples [variété x itinéraire technique]

Itinéraire	1	2	3	4
Prix du blé = 137 €/t				
Isengrain (%)	**78**	**75**	51	15
Oratorio (%)	48	63	69	45
Prix du blé = 91,5 €/t				
Isengrain (%)	51	57	57	33
Oratorio (%)	45	57	**72**	**72**

% d'essais (33 essais, 3 années, France entière) où le couple [variété x itinéraire technique] donne la meilleure marge brute (Réseau « Variétés de blé rustiques » 2000 à 2002).

Itinéraire 1 : potentiel de rendement, intrants non limitants.

Itinéraire 2 : recommandations ITCF 2000.

Itinéraire 3 : rendement objectif et intrants réduits.

Itinéraire 4 : idem 3 sauf réduction N de 30 kg/ha ; 0 fongicide ; 0 régulateur.

Isengrain : variété classique (productive et peu résistante aux maladies).

Oratorio : variété rustique (moins productive mais multirésistante aux maladies).

Réduire les risques de bioagressions

Le principe consiste à limiter les conditions favorables aux bioagresseurs, dans le temps et l'espace, en jouant sur les caractéristiques du peuplement végétal et sur les successions culturales et les assolements.

Le contrôle cultural

Cette méthode de contrôle peut être définie comme une adaptation du système de culture pour prévenir ou limiter le développement des bioagresseurs. Elle fait notamment appel à :
– des rotations faisant alterner des cultures à cycles différents et/ou de familles botaniques différentes pour éviter l'installation des adventices dont le cycle de développement est calé sur celui de la culture, et rompre le cycle des ravageurs et maladies ;
– une gestion du peuplement cultivé (date et densité de semis, fertilisation, irrigation…) pour créer des conditions défavorables au développement de bioagresseurs tels que les champignons pathogènes, ou l'esquiver par un décalage des cycles culturaux sensibles (par exemple, éviter les semis tardifs de colza de manière à ce que la culture ne soit pas exposée aux émissions des spores de phoma pendant les stades les plus précoces, qui sont les plus sensibles) ;
– une gestion de l'interculture (semis d'une culture intermédiaire de type piège à nitrate — Cipan — travail du sol…) pour réduire le stock de graines d'adventices et d'inoculum ;
– des associations de cultures (une céréale et une légumineuse à graine par exemple).

L'organisation spatiale des cultures

Il existe très peu de références scientifiques sur cette gestion à une échelle supra-parcellaire, qui vise à limiter la propagation des bioagresseurs en organisant les assolements pour constituer des mosaïques de cultures, et en introduisant des hétérogénéités dans le paysage agricole.

Les principes à mettre en œuvre contre les différents types de bioagresseurs sont les suivants.

Contre les adventices : réduction de la production de graines par une limitation des levées, l'augmentation de la compétitivité de la culture, une récolte avant leur maturation ; réduction de leur capacité à germer par un enfouissement profond (labour). Le choix de la succession de cultures, de l'alternance ou non des profondeurs de travail du sol, et de la date de semis permettent de créer les conditions d'une esquive, c'est-à-dire de limiter l'apparition des espèces les plus adaptées à un cycle donné. Ces effets ont été confirmés dans le cas des infestations de vulpins résistants aux herbicides de la famille des « fops » (aryloxyphenoxypropionates), qui peuvent être contrôlées par une modification de l'ensemble du système de culture : exclusion de cette famille d'herbicide, introduction de cultures de printemps dans la succession, retard des dates de semis des cultures d'automne, pratique du labour.

Contre les champignons pathogènes : réduction de l'*inoculum* primaire, limitation des contaminations par la gestion des états du couvert végétal moins dense, offrant un microclimat moins favorable, utilisation de variétés résistantes. Pour les maladies telluriques : destruction des résidus de récoltes. Pour les maladies à dissémination aérienne : esquive par le décalage des cycles culturaux (stades sensibles) et des périodes de dispersion des spores ; diminution de la réceptivité du couvert par un microclimat peu favorable (par ex. en réduisant la densité de peuplement ou en modérant la fertilisation azotée).

Des arbitrages sont à effectuer selon les risques dominants : un peuplement cultivé dense étouffera mieux les adventices, mais favorisera les maladies fongiques…

Viser l'objectif « zéro pesticide »

Tenter de s'affranchir de l'utilisation des pesticides de synthèse nécessite de maintenir, par un ensemble de pratiques cohérentes, la pression potentielle des bioagresseurs au niveau le plus bas, de modifier profondément les systèmes de culture eux-mêmes ainsi que l'organisation territoriale de ces systèmes de culture.

L'agriculture biologique

L'AB qui renonce par principe à tous les intrants chimiques de synthèse, ne conserve que quelques pesticides extraits de plantes (ce qui ne garantit pas leur innocuité) et des substances minérales (cuivre et soufre, comme fongicides, dont l'accumulation dans les sols pose problème). L'existence de l'AB prouve qu'une production est possible dans ces conditions, mais qu'elle est délicate à mettre au point, notamment pour les cultures pérennes. L'AB obtient des rendements moyens peu élevés (36 q/ha en blé), mais qui peuvent aussi être très honorables (proches de 70 q/ha en blé, par exemple), alors qu'ils sont aussi limités par le non-emploi d'engrais de synthèse.

Concevoir d'autres systèmes

On pourrait aussi envisager des systèmes « zéro pesticide », ou presque, qui ne se priveraient pas des engrais de synthèse, et pourraient éventuellement accepter le recours occasionnel à un pesticide (comme l'AB accepte l'emploi exceptionnel de traitements vétérinaires allopathiques, et la PFI de traitements pesticides — quitte à déclasser la production traitée).

Ces systèmes devraient, comme en AB, combiner l'ensemble des approches qui permettent de réduire au maximum les risques phytosanitaires et des stratégies de protection à effet partiel disponibles.

De tels systèmes seraient notamment utiles pour les zones sensibles qui pourraient nécessiter une (quasi-)interdiction de l'utilisation de pesticides (cf. infra).

18

Une étude de cas : scénarios de protection des cultures en système de grande culture

L'objectif de cet exercice est d'illustrer, à partir d'une situation de production donnée, la mise en œuvre d'un ensemble de mesures pour limiter le recours aux pesticides à l'échelle du système de culture. En l'absence de références scientifiques sur ces systèmes de culture « en rupture », l'exercice a été mené « à dires d'experts ». Il repose sur une réflexion initiée dans le cadre du projet de l'Agence de développement agricole et rural (Adar) « Systèmes de culture innovants » par un collectif d'experts issus notamment de chambres départementales d'agriculture et d'instituts techniques, et a été complété par une évaluation des performances agronomique, environnementale et économique des systèmes de culture proposés, et par des indications concernant le temps de travail.

Le cas d'étude

L'exemple retenu est une rotation colza-blé-orge d'hiver dans une « petite terre » (terrain argilocalcaire caillouteux) en zone septentrionale. À partir d'une situation initiale de « référence » caractérisée par des conduites de cultures dominantes dans le paysage agricole actuel, trois systèmes de culture alternatifs limitant le recours aux pesticides ont été envisagés. Le premier vise à réduire l'utilisation de pesticides sans modification de la rotation. Cette réduction, limitée par la rotation initiale (rotation courte, 100 % de cultures d'hiver) s'appuie notamment sur un raisonnement différencié des postes désherbage et insecticides. Le 2e système vise une réduction beaucoup plus drastique de l'utilisation des pesticides, et s'interdit le recours aux pesticides présentant un fort risque pour l'environnement ou la santé humaine. L'atteinte de cet objectif passe par des modifications plus profondes du système de culture : diversification et allongement de la rotation. Enfin, le dernier scénario augmente la contrainte sur les moyens d'action en fixant comme objectif de supprimer tout recours aux pesticides.

Les résultats de l'analyse

L'analyse comparative de ces 4 scénarios sur les plans environnemental et économique montre que :

– un usage raisonné exigeant des phytosanitaires peut permettre, sans changer la rotation ni abandonner le travail simplifié du sol, d'améliorer sensiblement les performances environnementales de la succession : dans cet exemple, réduction de près de 75 % de la fréquence de traitement (en nombre de doses homologuées/ha, toutes substances actives confondues), et passage de 5 055 à 700 g de SA/ha/an (soit une baisse de 86 % des quantités appliquées), par recours à des interventions mécaniques pour le désherbage et diminution de l'utilisation d'insecticides. Ces améliorations sont d'une durabilité vraisemblablement limitée à quelques années. La probabilité est en effet très forte que ce type de stratégie alternative génère sur ces rotations courtes un stock semencier d'adventices rapidement incontrôlable sans le retour à une stratégie fortement fondée sur les herbicides ;

– le passage à une stratégie de protection intégrée, qui repose sur un allongement et une diversification de la succession culturale, augmente fortement les degrés de liberté. Elle permet des utilisations très faibles de SA (moins de 5 g/ha/an), générant des risques environnementaux quasi nuls, et donc très proches des risques nuls obtenus par le système « zéro pesticide ».

Ces systèmes « alternatifs » ne permettent pas les mêmes niveaux de rendement que le système conventionnel de référence, et conduisent à une variabilité très importante des rendements sur certaines cultures sensibles (colza dans l'exemple). Cette irrégularité des rendements par défaut de maîtrise des accidents parasitaires se traduit par une forte variabilité interannuelle des performances économiques de ces systèmes, à performance moyenne sensiblement identique à la situation de référence.

Les charges opérationnelles sont assez fortement réduites sur les scénarios alternatifs, du fait du moindre recours aux pesticides. En revanche, le temps d'intervention sur les parcelles est largement augmenté (on passe d'une moyenne de 6,3h/ha à plus de 9h/ha dans le 1er cas, hors temps d'observation) du fait de la substitution du mécanique au chimique. À cela s'ajoute le temps d'observation et celui nécessaire pour se former et s'informer, qui croît avec la multiplicité des cultures.

Les enseignements de l'exercice

Les pistes intéressantes qui se dégagent de cette exploration « à dires d'experts » ne doivent pas occulter le statut de cette réflexion : connaissances expertes mobilisées sur une situation particulière, dans un contexte de milieu donné, sans références scientifiques sur la quantification des interactions entre les systèmes de culture et les composantes biologiques du champ cultivé et sur l'efficacité de stratégies alternatives. Néanmoins, malgré ces réserves liminaires, cette étude de cas permet d'illustrer la généricité de l'approche. Elle renforce la nécessité d'une analyse plus complète des conséquences de ces scénarios en terme de fonctionnement de l'exploitation, et des autres impacts environnementaux (énergie, émission de CO_2...).

Les « alternatives » à la lutte chimique

Techniques ou stratégies « alternatives »

La notion de « technique alternative », qui suggère l'existence de solutions se substituant simplement à un pesticide, avec tous les avantages d'efficacité sans les inconvénients de perturbation du milieu et de faible durabilité, paraît peu adaptée. La protection des cultures ne peut être fondée sur de seules avancées technologiques ponctuelles, et passe par la mise en œuvre d'un large éventail de connaissances techniques, biologiques, et économiques. Cette intégration des méthodes de lutte n'est pas forcément aisée : on ne déploie pas un ennemi naturel dans un système de culture, on n'adapte pas une succession culturale aussi facilement que l'on traite un sol ou une culture.

Néanmoins, l'intégration des méthodes de contrôle des ennemis des cultures revêt deux avantages majeurs :
– elle conduit presque toujours à diminuer les nuisances environnementales de la production dans la mesure où la limitation des dommages ne repose plus exclusivement sur la protection chimique ;
– la diversification des pressions de sélection exercées par ces méthodes peut rendre celles-ci plus durables que certaines méthodes de lutte individuelles appliquées à grande échelle pendant plusieurs années, telles que l'application d'un pesticide ou l'utilisation d'une variété présentant une résistance spécifique totale. Le recours moindre aux pesticides contribue aussi à préserver leur efficacité en retardant l'apparition de résistances des bioagresseurs.

Pour l'ensemble des productions végétales, ce n'est donc pas vers des « solutions alternatives » à l'emploi des pesticides qu'il est souhaitable de se tourner, mais vers une autre façon de penser la protection, et d'une manière plus générale, la production, afin de rendre cette production moins vulnérable, et la protection plus efficace (techniquement) et efficiente (économiquement, au plan environnemental, au plan social, au plan des performances à long terme des systèmes). C'est cette stratégie que recouvre le concept de « production intégrée ».

Les limites des chartes et référentiels de « bonnes pratiques »

La tendance actuelle est de proposer des guides, chartes et référentiels de « bonnes pratiques agricoles » (BPA) pour faire évoluer les pratiques phytosanitaires, et les évaluer. Ce type d'outils ne semble en fait guère permettre d'aller très au-delà d'une sensibilisation à l'évitement des pratiques à risque majeur.

Ces chartes et référentiels sont nécessairement définis pour des territoires très larges, qui ne permettent pas de prendre en compte la diversité des situations agricoles. Ils se présentent généralement comme des listes de BPA élémentaires, qui intègrent peu les interactions entre techniques, pourtant décisives dans les approches intégrées visant à réduire la dépendance aux pesticides des systèmes de culture, et souvent déterminantes vis-à-vis des impacts environnementaux des systèmes.

S'engager vers une logique de protection, voire de production, intégrée est fondamentalement différent de la mise en œuvre séquentielle d'un ensemble des BPA élémentaires. Les interactions entre choix techniques et les adaptations nécessaires à faire en fonction de la diversité des situations devraient donc être intégrées dans la rédaction des guides.

Les implications pour la recherche

La notion de « protection intégrée » renvoie à deux niveaux d'intégration. Le premier est vertical : il correspond à la combinaison de méthodes culturales, génétiques, biologiques, physiques, biotechnologiques ou chimiques pour contrôler une population donnée de bioagresseur. Le second est horizontal : on ne cherche pas à contrôler un ennemi des cultures en particulier, mais un profil de bioagresseur. Ces deux niveaux d'intégration nécessitent des investissements en terme de questions de recherche.

Par ailleurs, on constate que la plupart des programmes de recherche relatifs à la protection des cultures sont menés aux échelles du cycle cultural et de la parcelle, alors que les processus sous-jacents fonctionnent souvent à des échelles pluriannuelles et supraparcellaires. Élargir les échelles prises en compte suppose des adaptations méthodologiques importantes, et notamment de régler les difficultés de recueil et d'exploitation de données. Dans ces conditions, il apparaît d'ores et déjà que la modélisation devra occuper une place centrale dans les méthodes mises en œuvre pour aborder ces nouvelles échelles. Ainsi, la mise au point d'itinéraires techniques adaptés à la diversité des milieux et des variétés devra s'appuyer de plus en plus sur l'utilisation de modèles mathématiques de fonctionnement des cultures, qui permettent de pallier les limites pratiques de l'expérimentation (coût prohibitif d'essais au champ couvrant une large gamme de situations pédoclimatiques et technico-économiques), et de tester des scénarios multiples, en simulant les effets de modifications des itinéraires techniques et des systèmes de culture.

Les principes d'une protection non chimique sont, pour l'essentiel, connus (connaissance des cycles, effets qualitatifs des principales techniques). Par contre, leur intégration cohérente au sein d'un itinéraire technique, et plus largement dans le cadre de systèmes de culture, pour une gamme importante d'objectifs et de contraintes, n'a pas bénéficié à ce jour d'efforts de recherche suffisants.

C'est en grande culture que la marge de manœuvre immédiate pour une gestion des bioagresseurs moins dépendante des pesticides paraît la plus grande, et pour la vigne et les cultures maraîchères que cette marge paraît plus restreinte (encadré 19, p. 92).

L'évaluation de méthodes à efficacité partielle ne peut se faire par comparaison avec l'utilisation d'un pesticide. Une telle méthode doit être évaluée en tant qu'élément d'une stratégie associant d'autres méthodes d'efficacité également partielles, et dans le contexte de production pour lequel cette stratégie a été définie. Estimer l'efficacité de ces techniques nécessite donc des expérimentations conduites dans des conditions idoines.

Plus qu'une « lutte contre les ennemis des cultures », c'est donc une démarche de préservation du « bon état de santé des systèmes de cultures » qu'il faut privilégier. La question de l'état sanitaire des cultures doit donc être un élément primordial à prendre en compte dès la conception des systèmes de culture.

19

Les marges de manœuvre pour les différents types de cultures

Grande culture

C'est en grande culture que la marge de manœuvre pour une gestion des bioagresseurs moins dépendante des pesticides paraît, dans l'immédiat, la plus grande. Il est en effet possible de :

– modifier les systèmes de culture, et notamment d'allonger les rotations et d'organiser les assolements pour gêner l'installation et ralentir la propagation des bioagresseurs ;

– d'utiliser des variétés moins sensibles aux maladies et/ou des associations variétales ;

– de se fixer des objectifs de rendement moins élevés, permettant des semis moins denses et plus tardifs, et une fertilisation plus réduite ;

– de mettre en œuvre un travail du sol et des alternances entre cultures d'hiver et cultures de printemps qui réduisent l'incidence des adventices.

Pour les systèmes à base de blé en particulier, des travaux à l'échelle du système de culture ont montré qu'il était possible de concilier revenu et réduction d'intrants chimiques (cf. encadré 17 p. 84).

Cultures pérennes

Les difficultés sont plus grandes pour les cultures pérennes, puisqu'on ne peut jouer sur les rotations pour rompre les cycles des bioagresseurs, et que ces systèmes présentent souvent des contraintes pour l'utilisation de variétés plus résistantes. Il existe cependant des méthodes de gestion du peuplement végétal qui permettent de réduire le développement des maladies et des ravageurs. L'enherbement maîtrisé de l'inter-rang (tant qu'il n'exerce pas une trop forte concurrence vis-à-vis de la culture) permet de réduire l'emploi d'herbicides et de favoriser le maintien d'auxiliaires ; il présente aussi l'avantage d'améliorer la portance des sols et de réduire l'érosion et le ruissellement.

En arboriculture fruitière, les méthodes de confusion sexuelle, à condition qu'elles soient raisonnées à l'échelle d'un bassin de production, doivent apporter des résultats significatifs, de même que des aménagements paysagers assurant le maintien d'auxiliaires. Taille et élimination des sources primaires d'*inoculum* (feuilles au sol) constituent également des moyens de réduire l'importance de certaines maladies.

En viticulture, les perspectives de mise en œuvre de méthodes alternatives s'avèrent limitées. Une distinction doit cependant être faite entre : les agents pathogènes, contre lesquels les propositions sont surtout restreintes à la maîtrise de la vigueur des plantes ; les ravageurs (insectes et acariens), contre lesquels les procédés de lutte biologique et biotechnique, ou le respect de la faune auxiliaire peuvent dans une majorité de situations assurer une bonne prévention des dommages. Les expériences pilotes ou de démonstrations menées en régions conduisent à situer l'économie potentielle de pesticides en viticulture dans une fourchette de 30-50 %.

Des enquêtes chez les viticulteurs montrent que le nombre de traitements réalisés n'est pas proportionné aux risques objectifs (évalués selon les « avertissements agricoles », par exemple), mais dépend plutôt du prestige de l'appellation, c'est-à-dire du prix de vente du vin (qui détermine les moyens financiers disponibles et une stratégie d'assurance reposant sur un programme prédéterminé d'applications). Alors que ces exploitations disposent souvent d'un encadrement technique de haut niveau qui pourrait mieux optimiser les programmes de protection.

Productions légumières

Compte tenu de la quantité de main-d'œuvre importante généralement requise pour ces cultures, les coûts des pesticides représentent une part limitée des coûts de production. De plus, l'aversion au risque des producteurs est d'autant plus importante qu'il s'agit de produits à forte valeur ajoutée et que la présence de symptômes sur les organes récoltés peut entraîner des pertes économiques significatives dans le contexte actuel de forte concurrence. La lutte chimique apparaît donc comme le moyen de gestion des ennemis des cultures légumières le plus simple, le plus efficace et le moins coûteux. La diversité des cultures légumières rend aussi plus complexe la mise au point de méthodes génériques constituant des alternatives à la lutte chimique.

Ces cultures recouvrent une large gamme de types de production : productions légumières de plein champ ; productions maraîchères de plein air ; cultures sous abri (serre ou abri haut) en sol ou hors sol. Ces productions présentent différents niveaux de dépendance structurelle aux pesticides. Pour les cultures en sol, les alternatives aux fumigations contre les bioagresseurs telluriques ne sont pas toujours disponibles. Quand elles le sont, elles sont plus difficiles à mettre en œuvre et leurs performances sont différentes : gestion de la rotation (insertion de cultures assainissantes dans la succession) et des itinéraires techniques (raisonnement de la fertilisation et des amendements, adaptation du drainage et de l'irrigation…) ; biodésinfection (combinaison d'amendements organiques et de solarisation). En revanche, les cultures sous serres permettent depuis de nombreuses années de mettre en œuvre des stratégies de protection intégrée contre les bioagresseurs aériens en combinant notamment l'utilisation de variétés résistantes et de plants sains lors de l'implantation de la culture (prophylaxie), le contrôle physique de l'entrée d'inoculum ou de ravageurs (sas d'entrée, filets contre les insectes, pédiluves), la gestion du microclimat, la gestion de la fertirrigation, et l'introduction d'agents de lutte biologique.

En grande culture, la réduction de l'utilisation des pesticides passe notamment par un objectif accepté de diminution du rendement. Dans le cas de produits comme les fruits et légumes, il pourra être nécessaire que le consommateur accepte la présence de défauts d'aspect qui n'affectent pas la qualité gustative et nutritionnelle des produits.

3
Moyens

Une analyse coûts-bénéfices générale de l'utilisation des pesticides étant concrètement irréalisable (cf. p. 63), le rôle des économistes se limite à évaluer les effets des différents niveaux de réduction de l'utilisation des pesticides que les pouvoirs publics pourraient envisager et des différents instruments mobilisables (effets sur le revenu agricole, sur le revenu des producteurs et distributeurs de pesticides, sur le pouvoir d'achat des consommateurs, sur les dommages à l'environnement et à la santé humaine et sur le budget de l'État).

La plupart des travaux économiques sur la régulation des pollutions concernent peu ou prou la définition des instruments permettant d'atteindre les objectifs fixés au moindre coût pour la société. Beaucoup des travaux sur la régulation des pollutions sont théoriques. Bien que non spécifiques, ils ont produit des résultats directement mobilisables pour le cas des pesticides. En effet, la définition d'instruments de régulation efficaces (d'un point de vue économique) repose toujours sur les mêmes grands principes.

De fait, les études systématiques sur l'utilisation ou la régulation des pesticides sont commandées par des institutions nationales ou supranationales qui envisagent une intervention publique (ministères, Union européenne…). En tant que telles, elles ne sont publiées que sous forme de rapports d'expertise et ne font l'objet de publications scientifiques que sur des points précis, c'est-à-dire à propos de problèmes originaux (mécanismes économiques ou méthodes économétriques).

Les principes et instruments d'une politique de régulation des pollutions

Les principes

Quelques grands principes, sur lesquels s'appuie l'analyse économique, sous-tendent les choix de politique de régulation des pollutions.

N'intervenir que si nécessaire. D'un point de vue économique, les pouvoirs publics ne doivent intervenir que lorsque le problème considéré ne peut être résolu spontanément, c'est-à-dire dans le cadre d'une économie marchande. C'est le cas pour les pollutions, puisqu'il n'existe pas, ou trop peu, de mécanismes (notamment marchands) permettant aux « victimes » des pollutions d'orienter les choix des « pollueurs » vers une diminution de leurs émissions polluantes.

Agir aussi directement que possible sur la source du problème. Puisque toute molécule active utilisée est potentiellement polluante (qu'elle se disperse dans l'environnement ou se retrouve sur le produit agricole), la régulation doit avoir pour objectif la réduction de l'utilisation des pesticides, et l'emploi des produits les moins toxiques et écotoxiques possibles.

Adapter les modalités de l'intervention à l'objectif fixé. Schématiquement, les instruments de régulation doivent être d'autant plus coercitifs ou incitatifs que l'objectif fixé est prioritaire. Par exemple, les objectifs en matière de santé humaine justifient des moyens d'intervention relativement « rigides » au niveau de la toxicité des produits. Ce principe implique aussi d'adapter le niveau de l'instrument envisagé (taux de la taxe, niveau de la norme, caractéristiques des cahiers des charges d'un contrat agri-environnemental…) à l'objectif fixé et/ou d'utiliser des instruments adaptés à chaque situation.

Rechercher les instruments présentant les meilleures propriétés (cf. encadré 21 p. 99, les critères d'évaluation) : moindre coût de mise en œuvre et de gestion, effets de long terme.

Les instruments

Les types d'instruments de régulation

Les principaux types d'instruments envisagés dans le cas des pollutions par les pesticides sont :

– les approches réglementaires, contraignantes ;
– les instruments d'incitation économique : taxation des pesticides homogène pour tous les agriculteurs, subventions pour l'adoption ou l'utilisation de pratiques économes en pesticides, adaptées en fonction des objectifs de réduction des pollutions, des conditions pédoclimatiques et/ou des systèmes de production.

Les mesures visant une réduction de l'utilisation des pesticides peuvent agir sur deux leviers, de préférence simultanément :
– un levier direct : accroître le coût relatif d'utilisation des pesticides ou introduire des limites réglementaires à cette utilisation ;
– un levier indirect : diminuer le coût relatif d'utilisation des alternatives aux pesticides ou introduire des instruments réglementaires visant à accroître cette utilisation.

20

L'expérience du Danemark

Le Danemark est le pays européen qui a mis en place les mesures les plus ambitieuses en matière de réduction des pollutions par les pesticides. L'objectif est de supprimer les pesticides les plus dangereux pour l'environnement et de limiter l'usage des autres pesticides. Le plan d'action danois, lancé en 1986, est actuellement dans sa 3e phase.

En 1986

Le premier plan d'action a été élaboré, avec deux objectifs : rendre plus contraignante la procédure d'approbation des molécules, et diminuer de moitié l'utilisation totale de pesticides en 10 ans. À la fin de cette période, 213 molécules ont été réévaluées : 105 n'ont pas été présentées, 30 ont été interdites ou ont vu leur usage strictement régulé, 78 approuvées. Sur la même période, les ventes de matières actives ont été réduites de 40 %, mais grâce principalement au remplacement de produits anciens par de nouvelles substances, actives à dose moindre, et à une réduction de la surface agricole de 11 %.

Le nombre de traitements est mesuré par un indice de fréquence de traitements, le TFI (*Treatment frequency index* : nombre de doses homologuées appliquées en moyenne sur la SAU totale du pays, tous pesticides confondus). Ce TFI n'a quasiment pas été modifié par le 1er plan.

Le programme d'action reposait sur des activités de recherche, des actions de conseil, des programmes de formation obligatoires (2 jours pour un usage personnel, 2 semaines pour les agriculteurs épandant des pesticides hors de leur exploitation) pour tous les utilisateurs de pesticides, et des taxes sur les pesticides.

Les premières taxes étaient faibles (3 % en 1986). Elles ont été augmentées en 1996, à 13 % sur les herbicides et fongicides, et 27 % sur les insecticides, puis à nouveau en 1999, à 33 et 54 % respectivement.

En 1997

Le gouvernement danois a créé le Comité Bichel, chargé d'estimer les conséquences de différents niveaux de réduction de l'utilisation des pesticides au Danemark, y compris la conversion à l'agriculture biologique. Dans ses conclusions, rendues en 1999, le comité estimait que la suppression totale de l'utilisation de pesticides s'accompagnerait d'une restructuration importante du secteur agricole, et d'une diminution de la sole en céréales comprise entre 40 et 60 %, mais qu'une réduction du nombre de traitements de 30 à 40 % pouvait être effectuée sans impact économique majeur pour les exploitants agricoles.

Le TFI qui était de 2,67 au début des années 80, était de 2,5 en 1999 et de 2,04 en 2002 (après l'application du second programme d'action). Le troisième programme d'action (2004-2009) se donne comme objectif de réduire cet indice à 1,7 en 2009.

Les instruments utilisés sont en premier lieu une augmentation des conseils aux agriculteurs pour les aider à réduire leur consommation de pesticides, l'élaboration de fermes de démonstration et d'information de groupe, l'augmentation de systèmes d'alerte et d'aide à la décision. Les conseils sont renforcés par des mesures fermes (interdiction d'usage de certaines molécules, taxes, agréments avec l'industrie) et des mesures souples (affichage d'une liste de substances « déconseillées », promotion de produits « propres », campagnes d'information sur la manière dont le consommateur peut éviter les substances indésirables, écolabels). Ces mesures sont de type économique et laissent aux acteurs le choix des techniques à retenir pour y faire face.

La logique de la politique danoise est exemplaire du point de vue de sa cohérence. En outre, elle constitue un cas concret et s'intègre dans une large mesure aux instruments mis en place par la Pac. Au-delà des modalités de sa mise en œuvre (progressivité, expertise, objectifs mesurables…), la cohérence de la logique de la politique danoise tient en trois points :
– elle met en œuvre un ensemble d'instruments, chacun défini pour répondre à un (ensemble) d'objectif(s) donné(s) et mis en place à une échelle pertinente ;
– elle s'appuie sur un ensemble d'instruments dont les effets sont souvent « synergiques » ;
– elle utilise des instruments dont le niveau peut être adapté en fonction des arbitrages définis par la société.

La politique danoise constitue un exemple sur lequel il est possible de s'appuyer, tout en l'adaptant au contexte considéré.

21 Les critères de comparaison des différents instruments de régulation des pollutions

Coûts administratifs de la mise en œuvre des instruments

Souvent négligés en théorie, les coûts administratifs s'avèrent décisifs en pratique, et ils sont maintenant considérés comme tels dans la définition des instruments de régulation des pollutions d'origine agricole.

Ces coûts, supportés par le régulateur (l'État ou l'institution à laquelle l'État a délégué le pouvoir de régulation), comprennent : les coûts de l'élaboration (expertise, négociation des instruments…) et de l'évaluation des mesures (suivi des pratiques et compilation des données recueillies…), les coûts de l'information des agents concernés, le coût de gestion de la mise en œuvre des instruments (prélèvements des taxes, versement des subventions, délivrance des autorisations…) et les coûts liés aux systèmes de contrôle/sanction.

De manière générale, plus un instrument est individualisé et nécessite de contrôles, plus il est coûteux et moins il doit être utilisé à grande échelle.

Faisabilité et crédibilité du contrôle

Dans le domaine de la protection de l'environnement (comme dans d'autres, tels que la sécurité routière ou l'impôt sur le revenu) le respect des normes ou autres réglementations est parfois loin d'être acquis. Instaurer un système de contrôle et de sanction suffisamment dissuasif est donc nécessaire. Ne pas le faire donne implicitement un signal en faveur d'une sous-estimation des problèmes d'environnement, celui qui ne respecte pas la règle ne se sentant pas coupable de faute grave.

La régulation environnementale pose des problèmes spécifiques. En effet, le caractère dissuasif d'un contrôle ne peut reposer que sur la fréquence des contrôles ou le niveau de la sanction. Comme les atteintes à l'environnement ou le non-respect d'un contrat ne peuvent, d'un point de vue juridique, justifier actuellement que des sanctions à hauteur des dommages engendrés, il est nécessaire de mettre en œuvre des contrôles fréquents — ce qui s'avère coûteux d'un point de vue administratif.

Ce critère plaide en faveur de mesures « zéro utilisation », les pratiques « sans pesticides » étant beaucoup plus faciles à contrôler qu'une « utilisation raisonnée » des pesticides.

La question politiquement délicate du contrôle et des sanctions peut aussi conduire à préférer des politiques de « codes de bonnes pratiques » valorisant la bonne volonté et l'honnêteté des agents visés.

Effet incitatif à long terme

Certains instruments de régulation peuvent avoir des effets incitatifs de court/moyen termes identiques mais des effets de long terme très différents.

Par exemple, dès lors qu'ils respectent les termes des contrats qu'ils ont signés, les agriculteurs n'ont plus d'incitations à réduire leur utilisation de pesticides. En revanche, si une taxe permet à court / moyen terme d'obtenir la même réduction des quantités de pesticides utilisées, ses effets incitatifs continuent à agir sur le long terme, tant au niveau de l'emploi des pesticides qu'au niveau de l'offre de produits ou de l'offre de conseil à la réduction de l'utilisation de pesticides.

Flexibilité

Les différents instruments laissent plus ou moins de flexibilité aux agriculteurs dans le choix des solutions à adopter pour réduire l'utilisation des pesticides. C'est l'un des intérêts de la taxation, qui laisse toute latitude à l'agriculteur par rapport aux choix des méthodes qu'il emploie pour réduire ses utilisations de pesticides. Les autres instruments apparaissent plus « coercitifs » et tendent à « figer » le comportement des agriculteurs.

Transferts induits et acceptabilité

Ces transferts financiers induits par les différents instruments de régulation de l'utilisation des pesticides conditionnent dans une large mesure l'acceptabilité des instruments par les différentes catégories d'acteurs concernés.

Les difficultés d'une analyse coûts-bénéfices des instruments de régulation

Dans le cadre de la définition de sa « Stratégie thématique pour l'utilisation durable des pesticides », la Commission européenne a commandé une étude[13] sur les impacts socio-économiques des mesures envisagées. Ce rapport, remis en 2004, tente d'évaluer les coûts et bénéfices attendus de l'instauration (à l'échelle de l'UE à 15 ou à 25 États) de quelques instruments de régulation, essentiellement des normes (contraintes sur les pulvérisations aériennes, définitions de zones à « zéro pesticide », contrôle technique des pulvérisateurs...). Cette étude fournit notamment des évaluations intéressantes des coûts administratifs associés aux instruments étudiés. Cependant, elle utilise une simple approche comptable, qui ne prend pas en compte les mécanismes économiques en jeu, et passe donc sous silence certains coûts et bénéfices. En outre, les calculs présentés sont basés sur l'étude de cas particuliers, dont les résultats sont ensuite extrapolés pour produire des chiffres à l'échelle européenne ; cette méthode peut induire de graves biais d'échantillonnage et d'extrapolation. Ces problèmes ont d'ailleurs été soulignés par les commentaires sur ce rapport diffusés par la Commission.

La différenciation spatiale des mesures

Si la contamination généralisée des différents compartiments de l'environnement par les pesticides peut conduire à souhaiter une réduction générale de leur utilisation, des objectifs devront être fixés et des outils choisis et calibrés pour atteindre ces objectifs a minima sur l'ensemble du territoire.

Cependant, les problèmes de pollutions se posent avec plus d'acuité par endroits. Certaines zones apparaissent plus sujettes (transferts des pesticides accrus par les conditions pédoclimatiques, présence de productions particulièrement polluantes...) et/ou sensibles (milieux écologiquement sensibles, présence d'activités incompatibles avec certains niveaux de contamination...) aux pollutions par les pesticides.

Les zones concernées sont actuellement : des espaces d'intérêt écologique (sites Natura 2000...), des périmètres de protection de captage d'eau destinée à l'alimentation en eau potable, ou des zones où les conflits d'usage de l'environnement sont importants (zones périurbaines, zones de production aquacole, bassins d'alimentation de ressources exploitées pour la production d'eaux minérales...).

La mise en œuvre de la DCE, par la recherche systématique des masses d'eau dont la qualité est compromise par des contaminations par les pesticides, va conduire à identifier de nouvelles zones « sensibles » : les bassins d'alimentation des masses

---

[13] Assessing the impacts of the specific measures to be part of the thematic strategy on the sustainable use of pesticides, 2004.

d'eau au niveau desquels il faudra concevoir et appliquer des mesures visant à restaurer leur qualité.

Si des mesures calibrées pour réduire les effets des pollutions par les pesticides dans les zones les moins sensibles ont été prises, l'atteinte d'une réduction plus forte, rapide et/ou ciblée de l'utilisation des pesticides dans les zones plus sensibles nécessitera un ajustement local de ces mesures ou la mise en place d'instruments complémentaires.

La localisation des activités de production agricoles et notamment leur concentration est une donnée importante pour la régulation des pollutions d'origine agricole, d'autant plus cruciale que les objectifs de protection de l'environnement sont ambitieux. Aussi, la mise en œuvre effective de mesures sévères de protection de l'environnement peut se traduire par des modifications des modes de production, mais aussi des productions elles-mêmes, dans les zones les plus sensibles où la concentration d'activités polluantes est très importante. Cet aspect de la régulation des pollutions s'avère délicat en terme politique mais il n'en est pas moins essentiel.

À l'échelle d'un pays comme la France, il semble nécessaire d'envisager une combinaison d'instruments de régulation, afin de :
– résoudre un problème géographiquement hétérogène, soit en adaptant le niveau des instruments localement, soit en n'utilisant certains instruments que dans des cas spécifiques ;
– tirer partie des avantages respectifs de chacun des instruments disponibles, certains étant plus indiqués que d'autres en fonction des situations considérées (intervention globale ou locale…).

Les instruments réglementaires

Réglementation concernant l'(éco)toxicité des produits phytosanitaires et les seuils de contamination

Le premier instrument est bien entendu la procédure d'homologation des produits phytosanitaires, fondamentale pour le contrôle de la toxicité/écotoxicité des produits mis en marché. Si la nécessité de cet instrument réglementaire est unanimement reconnue, les modalités de son utilisation sont parfois discutées. Ainsi, le renforcement récent des critères d'écotoxicité, qui a eu pour effet d'accroître significativement le coût de la mise en marché des pesticides, peut avoir des effets négatifs : il est, par exemple, montré que les dossiers déposés récemment concernent essentiellement des cultures correspondant à de gros marchés.

Des évolutions sur certains points particuliers peuvent néanmoins être envisagées.

Évaluation des risques et spécification d'usage pour l'homologation

L'analyse des risques environnementaux (cf. p. 29) a mis en évidence l'intérêt de diverses améliorations :
– une actualisation des critères et des tests pour l'évaluation *a priori* des risques écotoxicologiques, pour les adapter à l'évolution de la nature chimique et des modes d'action des nouvelles molécules, intégrer les connaissances nouvelles éventuelles concernant les impacts sur les organismes et les écosystèmes… ;
– une spécification plus poussée des conditions d'utilisation des produits, comportant notamment des restrictions en fonction des types de sol, des conditions météorologiques, du type de pulvérisateur… ;
– la prise en compte du compartiment atmosphérique. Le groupe *Focus Air* y travaille actuellement, et un rapport comportant notamment une synthèse sur les outils de modélisation disponibles et un schéma d'évaluation paraîtra prochainement ;
– une meilleure prise en compte des interactions entre les substances actives et les autres formulants et les adjuvants, qui peuvent modifier fortement l'écotoxicité des préparations ;
– un développement du suivi posthomologation, qui est nécessaire pour assurer une évaluation *a posteriori* des risques écotoxicologiques et la détection des éventuels effets secondaires non identifiés avant l'AMM.

Clarification de l'arbitrage entre risques et bénéfices d'une nouvelle substance

La façon dont s'opère, dans le système actuel, l'arbitrage entre les risques et les bénéfices (évalués par des instances différentes) que présente un nouveau produit, a suscité un certain nombre d'interrogations. La nouvelle Loi d'orientation agricole devrait comporter la création d'une Agence nationale des intrants végétaux (Aniv), rattachée à l'Agence française de sécurité sanitaire des aliments (Afssa). Elle serait chargée de l'évaluation des risques mais aussi de celle des bénéfices, ce qui devrait rendre l'arbitrage plus transparent. L'homologation resterait du ressort du ministère de l'Agriculture.

Il convient d'être attentif aux effets de la réglementation sur les choix des firmes productrices de pesticides : plus la procédure d'homologation est contraignante, moins les firmes sont incitées à créer de nouveaux produits et à demander des AMM pour les cultures ne représentant que de petits marchés (risque de « cultures orphelines »).

Un renforcement des conditions d'utilisation des produits (interdiction d'usage dans certains milieux…), à condition que celles-ci puissent effectivement être contrôlées, pourrait permettre d'autoriser davantage de produits dans les zones ne présentant pas de risques particuliers.

Réglementation concernant les contaminations

Des normes de contamination maximale n'existaient jusqu'à présent que pour les ressources destinées à la production d'eau potable. La question se pose désormais pour la dimension environnementale, avec la définition, dans le cadre de la DCE, de normes de qualité des eaux, qui devraient reprendre celles retenues pour la potabilité.

Or il apparaît (cf. p. 29) que pour certaines substances, les concentrations prédites sans effet, déterminées lors de l'évaluation du risque écotoxicologique pour les milieux aquatiques, sont inférieures au seuil de 0,1 μg/l. La mise sur le marché de molécules actives à des doses d'emploi beaucoup plus faibles que celles des substances plus anciennes pose la question de la pertinence des seuils actuels.

Réglementation concernant les conditions d'utilisation

Contrôle technique des pulvérisateurs

Des contrôles volontaires, qui ont débuté en 1995 et permis de vérifier 20 000 appareils en service, ont montré que 40 % des appareils étaient en bon état, 40 % à remettre en état dès que possible et 20 % à remettre en état avant utilisation. Ce constat motive l'instauration d'un contrôle périodique obligatoire des pulvérisateurs, qui est prévue dans le cadre de la Loi sur l'eau.

Toutefois, le bon état des appareils est une condition nécessaire, mais non suffisante pour réduire les pertes de pesticides lors de l'application : la dérive, par exemple, dépend beaucoup du réglage de l'appareil et du respect des conditions météorologiques lors de la pulvérisation...

Restrictions à l'application de mélanges

Le ministère chargé de l'Agriculture tente d'encadrer l'épandage de mélanges de pesticides, avec dans un premier temps l'établissement d'une liste positive des mélanges autorisés, abandonné au profit d'un projet de liste des mélanges interdits. Ces restrictions sont fondées sur des règles de non-association de produits auxquels sont attribués certains qualificatifs ou phrases de risques... et non sur une connaissance des interactions entre les substances actives et de leurs effets sur les organismes. De toute façon, il n'est pas envisageable d'acquérir des références sur toutes les combinaisons possibles de SA, de produits de dégradation et d'adjuvants.

Permis de traiter

Actuellement, en France, seuls les applicateurs de pesticides intervenant chez des tiers sont soumis à l'obligation d'obtenir une autorisation. Une extension à tous les utilisateurs de produits phytosanitaires d'un système obligatoire de formation et de certification est proposée dans la stratégie thématique européenne. Rien ne paraît s'opposer, sur le principe du moins, à un projet de ce type. Plusieurs pays (Danemark, Italie) ont déjà instauré un tel permis, ou rendu au moins obligatoire le suivi d'une formation de tous les professionnels utilisant des produits phytosanitaires.

Les réglementations portant sur les pratiques posent la question de leur contrôle, de la possibilité de mettre en évidence des infractions hors flagrant délit, et de leur pertinence / efficacité si elles fixent des obligations de moyens.

Les normes et/ou interdictions locales d'utilisation

Dans les zones les plus sensibles, il est justifié de mettre en place des normes d'utilisation plus contraignantes, telles que des quotas d'utilisation de pesticides (régulation des quantités à caractère obligatoire) ou des interdictions d'utilisation (concernant une substance active, un type d'espace...).

Normes ou quotas d'utilisation de pesticides

L'étude des coûts administratifs montre que les systèmes de quotas sont très coûteux à gérer : ils imposent beaucoup de transferts d'informations entre les agriculteurs, les vendeurs de pesticides et le régulateur, pour définir une norme adaptée aux conditions pédoclimatiques et aux caractéristiques de l'exploitation agricole, puis pour contrôler son respect. Cette logique tend à exclure l'utilisation à grande échelle de normes et quotas d'utilisation de pesticides, et à privilégier des mesures d'interdiction (quota d'utilisation nul), plus faciles à contrôler (il est difficile de vérifier qu'un pesticide a été utilisé dans des limites fixées). Ces systèmes de quotas présentent en outre l'inconvénient de « fixer » une consommation de pesticides, ce qui est contraire au principe même du raisonnement des traitements.

Ces instruments sont donc à réserver plutôt aux zones sensibles ou à la gestion de problèmes aigus.

Les préfets ont la possibilité, actuellement pour protéger des ressources en eau potable, de prendre des arrêtés restreignant ainsi localement l'utilisation d'un pesticide (en cas de dépassement des normes de potabilité).

Dans le cas d'atteintes à l'environnement jugées inacceptables, des mesures plus drastiques doivent pouvoir être envisagées, qui pourraient remettre en cause localement certaines productions. Les lois concernant les installations classées sont généralement bien acceptées puisqu'elles permettent d'organiser *ex ante* la localisation des activités de production polluantes ou potentiellement dangereuses. La même logique peut être utilisée pour réorganiser *ex post* la localisation d'activités polluantes, notamment lorsque celles-ci se sont mises en place en négligeant leur impact sur l'environnement ou lorsque la nature des conflits d'usage a évolué (par exemple en zone périurbaine). De telles interdictions doivent être accompagnées de subventions à des productions compatibles avec les restrictions décidées.

Restrictions spatiales dans le cadre de la conditionnalité des aides européennes

La France a choisi de retenir comme bonnes conditions agricoles et environnementales (BCAE) l'implantation de bandes enherbées le long des cours d'eau. Ce dispositif assure à la fois l'existence d'une zone non traitée et, dans la majorité des cas du moins, une protection du cours d'eau contre des ruissellements chargés en pesticides. Cette mesure présente l'intérêt d'être aisée à vérifier.

Les incitations économiques à la réduction d'utilisation des pesticides

La mise en évidence (cf. p. 55) du poids du faible prix relatif des pesticides dans leur niveau d'utilisation actuel conduit les économistes à considérer qu'il sera nécessaire de réduire cette rentabilité des produits phytosanitaires si l'on souhaite diminuer leur consommation.

Réduction de l'intérêt économique des pesticides par la taxation

Pour un problème comme celui des pollutions par les pesticides, l'application des critères d'efficacité économique montre des avantages substantiels à une régulation par les taxes.

Les avantages des taxes

La principale qualité de la taxation des pesticides est qu'elle permet, de manière directe, d'accroître le coût relatif de l'utilisation de ces intrants, et donc d'en réduire l'intérêt pour les agriculteurs. Elle possède également d'autres propriétés intéressantes en tant qu'instrument de régulation :
– parce qu'elle impose peu de coûts d'élaboration et de gestion, et surtout très peu de coûts de contrôle, la taxation a un coût administratif nettement inférieur à celui d'autres instruments (subventions pour utilisation de pratiques économes en pesticides, normes ou quotas d'utilisation) ;
– les taxes peuvent être adaptées aux niveaux de toxicité et d'écotoxicité des produits phytosanitaires, ce qui permet d'orienter à la fois les choix des utilisateurs et des producteurs de pesticides ;
– elles peuvent être mises en place progressivement, selon un calendrier préétabli ou en fonction des résultats obtenus en terme de réduction d'utilisation, ce qui permet aux agriculteurs d'anticiper les effets des taxes et d'organiser leurs choix de production et/ou de pratiques pour minimiser ces effets dans le présent et tenter de les éviter dans l'avenir ;
– elles n'imposent aucune pratique particulière aux agriculteurs, leur laissant le choix des solutions techniques à adopter ;
– en réduisant la rentabilité de la lutte chimique, elles favorisent la demande de pratiques économes en pesticides par les agriculteurs, et peuvent par ailleurs stimuler la mise en place d'un marché du conseil en protection phytosanitaire ;

– les taxes ont de bonnes propriétés incitatives à long terme : elles constituent un signal clair et une incitation incontournable en faveur de la mise au point et de l'utilisation de nouvelles méthodes alternatives à la lutte chimique (logique d'innovations induites).

Enfin, un système de taxation a l'avantage de générer des ressources budgétaires, même si cet avantage est parfois un peu surestimé.

Le niveau de la taxation

Ses coûts administratifs faibles font de la taxation un instrument à mettre en place à grande échelle, et donc à utiliser pour atteindre l'objectif de réduction d'utilisation de pesticides fixé pour les régions hors zones sensibles. Cependant, pour que la taxe puisse remplir son rôle, c'est-à-dire atteindre un objectif de régulation environnementale donné, il faut que son taux soit suffisamment incitatif et calculé en fonction de l'objectif fixé. Aussi, la mise en place d'un système de taxation doit s'inscrire dans le cadre de discussions et de négociations en vue de définir préalablement l'objectif de réduction des utilisations de pesticides.

22 La taxation des produits phytosanitaires

La taxe générale sur les activités polluantes (TGAP) en France

La TGAP a été instituée en 1999 et étendue « aux produits antiparasitaires à usage agricole et aux produits assimilés » en 2000. Le fait générateur de la taxe est la première livraison sur le marché national ; elle est donc collectée auprès des 12 à 13 000 distributeurs sur le territoire français. La taxe est assise sur le poids des substances classées dangereuses qui entrent dans la composition des produits. Ces substances sont réparties en sept catégories affectées d'un taux unitaire spécifique (de 0 à 1 677 €/tonne) en fonction de leurs caractéristiques écotoxicologiques et toxicologiques.

Sur l'ensemble de la période 2000-03, les recettes de cette taxe sont en moyenne de 32 M€ par an, soit moins de 2 % des factures de pesticides en France. Le poids de cette taxe est donc très faible par rapport au prix des pesticides et on ne peut donc guère escompter qu'elle ait modifié le comportement des agriculteurs.

Le projet de redevance français

Le projet de Loi sur l'eau et les milieux aquatiques prévoit l'abandon de la TGAP au profit d'une redevance perçue par les agences de l'eau sur les quantités de pesticides. Cette redevance ne distinguerait plus pour les substances que deux taux de toxicité pour l'homme (pas d'objectif environnemental), et une partie de son produit serait versée aux agriculteurs mettant en œuvre des techniques réduisant la pollution de l'eau par les pesticides.

Le taux de redevance envisagé n'est guère plus élevé que celui de la TGAP : le montant des recettes espéré est de 40 M€, ce qui représenterait 2,2 % des ventes de pesticides de la campagne 2003-04 (1 771 M€). Ce montant serait donc inférieur

Fixée à un taux faible, la taxe permet la collecte de fonds, mais n'a pas d'effet sur la consommation du produit taxé (cas de la TGAP instaurée en France en 2000 ; cf. encadré 22 p. 108). Les taxes peuvent facilement être différenciées selon le niveau de toxicité et/ou d'écotoxicité des matières actives, pour orienter les utilisations actuelles et le développement des futurs pesticides.

Une différenciation régionale des taux (pour moduler localement leur effet) est en revanche difficile : elle génèrerait des coûts de contrôle (pour éviter que les agriculteurs des régions à taux de taxe faibles n'achètent des pesticides pour les revendre aux agriculteurs des zones à taux élevés) trop importants.

Montant et affectation du revenu de la taxe

La taxe, bien que ce ne soit pas son objectif premier, génère un revenu que l'État peut choisir d'utiliser à sa convenance. Aucun argument économique ne montre *a priori* que le produit de la taxe doit nécessairement être utilisé pour le financement de mesures mises en place au niveau du secteur taxé (principe d'une redevance[14]). Il est cependant évident que le « retour » du produit de la taxe vers le secteur sur lequel elle est prélevée facilite la mise en place de la taxation au niveau politique.

S'il est décidé que le revenu de la taxation doit servir à financer des mesures d'aides au secteur taxé, il convient de faire attention à ce que la question du niveau de cette redevance ne se transforme pas en une question sur les opérations à financer. En effet, les représentants du secteur taxé auront tendance à chercher à abaisser le niveau de la redevance en minimisant l'ampleur des opérations à financer.

---

[14] Au sens administratif, on distingue la taxe, dont le revenu est versé au budget général de l'État, et la redevance, dont le revenu est affecté à une utilisation particulière.

Taxation et revenu des agriculteurs

La taxation des pesticides fait peser l'essentiel de la charge de la régulation des pollutions sur les agriculteurs et sur les producteurs et distributeurs de pesticides.

Si les pouvoirs publics désirent compenser les effets des taxes sur le revenu des agriculteurs (pour mieux répartir le coût social de la régulation ou pour d'autres raisons), il est important qu'ils choisissent des instruments qui ne remettent pas en cause l'effet incitatif des taxes. Décider, par exemple, de n'instaurer qu'une taxe faible pour ménager le revenu des agriculteurs revient finalement à réduire l'objectif environnemental fixé.

De fait, réduire les utilisations de pesticides et soutenir le revenu des agriculteurs sont deux objectifs distincts. S'il est décidé d'utiliser des taxes pour le premier objectif, le meilleur moyen de remplir le second est de verser des compensations directement aux agriculteurs (des aides à l'hectare cultivé si l'objectif est l'occupation du territoire, des aides par actif agricole s'il s'agit de préserver l'emploi agricole…). Ces compensations ont l'avantage d'être conformes au principe de conditionnalité des aides européennes et aux règles de l'OMC.

Les subventions aux pratiques économes en pesticides

Il convient de distinguer les subventions (transitoires) à l'adoption d'une technique et celles (non limitées dans le temps) à l'utilisation de la technique.

Les inconvénients de la subvention à *l'utilisation* de pratiques peu polluantes

Si formellement et à court terme, la taxation d'une pratique que l'on veut faire régresser et la subvention de la pratique alternative que l'on veut au contraire promouvoir sont équivalentes, les critères d'efficacité économique conduisent à privilégier la taxation. Les subventions à l'utilisation de pratiques peu polluantes (régulation par les quantités à caractère volontaire) présentent en effet plusieurs inconvénients : coût d'élaboration élevé, difficultés et coût de contrôle, caractère peu incitatif et risque d'effets à long terme négatifs.

Conçus de manière à être adaptés au cas par cas, ces contrats pour utilisation de bonnes pratiques sont très coûteux à définir (définis de manière homogène, ils sont inutilement contraignants pour certains agriculteurs et sans intérêt pour d'autres). Ils nécessitent ensuite la mise en place d'un système de contrôle/sanction onéreux.

Ces subventions ont un effet incitatif limité à l'utilisation des pratiques subventionnées, dont la liste est de plus limitée aux pratiques facilement vérifiables. Elles génèrent peu d'incitations à innover en terme d'économies de pesticides puisque les pratiques subventionnées sont prédéfinies. Les subventions peuvent aussi avoir des effets pervers à long terme parce qu'elles favorisent la rentabilité du secteur aidé ; cet effet peut se traduire (si les entrants dans le secteur ont eux aussi droit aux subventions) par un développement de ce secteur qui, à terme, peut générer plus de pollutions que dans la situation initiale.

Utiliser ces instruments comme base de la régulation des pollutions par les pesticides, c'est-à-dire comme mesure globale, sur l'ensemble du territoire, paraît donc économiquement peu pertinent. Ce type de subvention est à réserver à des situations particulières telles que les zones sensibles (cf. infra).

Les justifications de la subvention à *l'adoption* de pratiques innovantes

Les pratiques économes en pesticides devant être testées puis adaptées localement, leur adoption génère des coûts spécifiques, en terme de travail d'observation, de prise de risque et/ou de perte de revenu (cf. p. 55). En l'absence d'intervention publique, l'adoption de pratiques innovantes peut être limitée et lente, même lorsque l'intérêt de cette pratique est avéré.

L'intervention de l'État peut se justifier lorsque les pratiques innovantes génèrent un bénéfice social et que leur adoption est caractérisée par des effets de réseau. L'État peut alors subventionner la phase d'adoption de ces pratiques, pour aider les agriculteurs « précurseurs » à supporter les coûts spécifiques d'adoption, et donc à amorcer le processus de diffusion des nouvelles pratiques (les précurseurs servant d'exemple et de producteurs d'informations pour leurs voisins). Ces aides financières peuvent aussi être attribuées à des structures collectives telles que des groupements de développement agricole.

Il est important de rappeler que les subventions pour adoption de pratiques innovantes (recommandées par l'UE) n'ont de justifications que si elles sont transitoires. Ces subventions ne doivent être utilisées que lorsque les pratiques concernées s'avèreront rentables une fois maîtrisées, c'est-à-dire ne nécessitent pas d'aides en régime de croisière. Dans le cas contraire, la logique des subventions est radicalement différente.

Les approches contractuelles en zones sensibles

Lorsque la situation ne justifie pas l'instauration locale de normes contraignantes et notamment d'interdictions d'utilisation des pesticides, des approches contractuelles peuvent être utilisées. Ces mesures contractuelles donnant « droit » à des compensations sont admises dans la logique de l'UE, puisqu'elles demandent aux agriculteurs des efforts qui vont au-delà des minima requis ailleurs.

Sont concernées des pratiques non rentables même lorsqu'elles sont maîtrisées, dans les conditions de marché existantes. Une aide publique permanente peut se justifier si ces pratiques induisent des bénéfices sociaux non rémunérés par le marché, comme c'est largement le cas pour la qualité de l'environnement.

La palette des instruments disponibles est large : des contrats individuels cofinancés par l'UE dans le cadre des MAE à des approches collectives, par exemple, lorsqu'il convient de réduire la concentration de pesticides dans une rivière (approches par bassins versants).

Ces aides à l'utilisation de pratiques (très) économes en pesticides restent onéreuses, même lorsqu'elles ne sont employées que localement.

Ainsi, le coût administratif du dispositif des MAE européennes est estimé au niveau du coût des subventions versées aux agriculteurs (pour 1€ versé aux agriculteurs, 1€ doit être dépensé par les institutions en charge de ces mesures). Des analyses montrent cependant que cette situation tient beaucoup au nombre très élevé de contrats proposés, au fait que chaque contrat est adopté par peu d'agriculteurs et à la relative nouveauté du dispositif. Un nombre plus important d'adoptants permettrait de répartir certains coûts fixes, et une plus grande expérience de ces contrats permettrait d'exploiter des effets d'apprentissage.

Des démarches contractuelles peuvent aussi être mises en œuvre dans le cadre d'accords privés, lorsque la « victime » des pollutions a intérêt à aider le pollueur à réduire ses émissions, et dispose des moyens financiers nécessaires pour le faire.

C'est ainsi que la société des eaux de Vittel a organisé et subventionné la conversion à l'agriculture biologique dans l'aire d'alimentation des nappes qu'elle exploite, pour enrayer l'augmentation des taux de nitrates dans ces ressources. Dans ce cas, la société Vittel S.A. a implicitement reconnu aux agriculteurs « le droit à polluer » et, *via* les contrats qu'elle leur a proposés, leur a racheté ce droit. Cette logique est similaire à celle utilisée par l'UE concernant la compensation des efforts demandés aux agriculteurs lorsque ces efforts vont au-delà du simple respect de la réglementation générale (*a minima*). Ici, la compensation est versée par Vittel, et non par les pouvoirs publics, dans la mesure où la firme est la principale bénéficiaire des efforts fournis par les agriculteurs.

L'efficacité des instruments utilisés localement est d'autant plus importante (et leurs coûts de mise en place sont d'autant moins élevés) que les instruments globaux jouent leur rôle. Le système de taxation diminue d'autant les subventions (ou compensations) à verser aux agriculteurs pour l'adoption des contrats proposés localement.

> La taxation réunit plusieurs avantages (faibles coûts administratifs, souplesse, effets incitatifs à court et long termes), qui en font l'instrument privilégié par les économistes. Pour être efficace, elle doit être fixée à des taux réellement dissuasifs, qui peuvent être atteints progressivement, mais selon un calendrier annoncé et crédible.
>
> Elle stimule aussi l'offre de pratiques plus économes et de méthodes alternatives à la lutte chimique. En ce sens, la taxation sert d'« aiguillon » à

toute mesure visant à l'adoption et à l'utilisation des pratiques économes en pesticides.

De fait, la taxation tend à rendre inutiles les subventions pour utilisation de pratiques économes en pesticides. Cependant, de telles subventions peuvent être envisagées transitoirement pour encourager et accélérer l'adoption de pratiques innovantes ou de manière plus permanente dans un cadre contractuel, spécifique aux zones sensibles.

Le principal inconvénient de la taxe est son coût pour les agriculteurs, qu'il est possible de compenser éventuellement, dans certains cas particuliers (non-viabilité de productions ou d'exploitations que la société souhaite maintenir), par des aides directes au revenu. En outre, la taxe ne peut suffire à elle seule, et des mesures d'accompagnement plus globales concernant l'environnement technologique et économique s'avèrent nécessaires.

Les actions plus globales sur l'environnement technologique et économique

Aides à l'organisation de l'environnement technologique

La mise en place d'un environnement technologique favorable à l'efficacité technique d'un secteur de production peut avoir des effets importants en terme de compétitivité ou de protection de l'environnement. Concernant la régulation des pollutions par les pesticides, les pouvoirs publics ont un rôle important à jouer au niveau de la recherche agronomique et du conseil agricole.

Le financement de la recherche agronomique

L'intervention de l'État se justifie lorsque certaines innovations ont des caractéristiques de bien public qui les rendent peu intéressantes à produire par des entreprises privées. Les pratiques culturales (mise au point d'itinéraires techniques de production à bas niveaux d'intrants…), notamment, peuvent difficilement faire l'objet de brevets qui permettraient à leurs concepteurs de s'approprier une partie des bénéfices liés à leur utilisation. Les entreprises privées ne sont pas non plus toujours prêtes à investir dans des innovations dont les débouchés seront de toute façon limités (méthode de lutte biologique pour une « petite » production…) ou dans des travaux exploratoires (amélioration génétique sur des critères nouveaux…). La recherche publique a donc un rôle crucial à jouer dans la conception et la mise au point de méthodes de protection et de systèmes de culture économes en pesticides.

Il est ensuite important de diffuser l'information concernant les effets à attendre des techniques ainsi développées. Si les agriculteurs savent que l'utilisation des pesticides sera lourdement taxée ou sévèrement réglementée à l'avenir, ils seront demandeurs de pratiques économes en pesticides ; néanmoins, ils ne les adopteront que s'ils sont convaincus que les bénéfices économiques attendus de leur utilisation sont potentiellement importants et que l'incertitude entourant leurs effets est faible.

L'aide à certaines formes de conseil et à la formation

Si l'évolution du contexte réglementaire et économique peut favoriser l'émergence d'un secteur privé de conseil en protection phytosanitaire, ce conseil payant ne concernera *a priori* que des informations spécifiques à une exploitation agricole. Les informations qui se définissent à des échelles spatiales plus larges sont, en effet, difficilement valorisables pour une entreprise privée (il suffit que les agriculteurs concernés se regroupent pour en partager le coût d'achat). Aussi, la production et la diffusion des prévisions d'infestations à l'échelle d'une petite région agricole ont-elles été traditionnellement organisées par les Services régionaux de la protection des végétaux (SRPV) *via* les « avertissements agricoles ». Cependant, d'autres modes d'organisation peuvent être imaginés, comme par exemple des subventions à des firmes privées, des organismes techniques ou des groupements d'agriculteurs qui assureraient aussi la « remontée » de données du terrain et contribueraient à la production d'informations à caractère public.

Enfin, le rôle primordial des connaissances agronomiques dans la mise en œuvre des pratiques plus économes en pesticides justifie l'investissement de l'État dans les instruments visant à la formation, initiale et continue, des agriculteurs (aménagement de l'enseignement agricole, financement de formations spécifiques, aides à l'acquisition de formations payantes…).

Les propositions du projet de Plan « Pesticides » privilégient pour l'instant la protection de l'applicateur et la formation à la prévention des risques liés à l'exposition, et n'envisagent pas la formation à la diversification des méthodes de protection phytosanitaires.

Agir sur les relations entre le secteur agricole et les secteurs en aval et en amont

Les mesures précédentes ne concernent que l'utilisation et la qualité des pesticides et s'adressent principalement aux agriculteurs. Or il peut être intéressant d'associer d'autres secteurs que le secteur agricole ou celui de la production des pesticides, et de soutenir des initiatives plus globales.

Relations avec les consommateurs et la distribution des biens alimentaires

Le soutien à des formes d'agriculture plus respectueuses de l'environnement peut intervenir au niveau de la production, mais peut également se traduire par des mesures visant au développement de marchés spécifiques : politique de labels, campagnes de sensibilisation des consommateurs, développement de canaux spécifiques de commercialisation ; accords entre l'État, la grande distribution et les agriculteurs, entre l'État et les transformateurs…

Une telle politique est déjà appliquée aux Pays-Bas, en Californie ou en Angleterre et elle est envisagée pour l'ensemble des États-Unis et par le Danemark. Ces pays mettent en place et promeuvent divers écolabels, pour encourager les consommateurs à exprimer leurs préférences pour des produits issus de formes d'agriculture réellement respectueuses de l'environnement.

L'option de l'agriculture biologique (AB) paraît intéressante dans ce contexte. En effet, si des mesures d'interdiction des pesticides devaient être mises en place localement, l'agriculture biologique offrirait une alternative aux agriculteurs concernés. Elle est d'ailleurs utilisée par différents acteurs économiques (société des eaux de Vittel...) ou institutionnels (municipalités comme Munich) pour protéger des ressources en eau.

L'agriculture biologique présente plusieurs atouts : elle repose sur un cahier des charges transparent ; ses produits ne sont pas soumis aux mêmes contraintes que les produits standards, notamment en terme d'aspect et de durée de conservation pour les produits frais ; elle peut, dans une certaine mesure, s'autofinancer lorsque ses produits sont bien valorisés par le marché ; des débouchés pourraient être développés à l'exportation, notamment vers les pays scandinaves, l'Allemagne ou la Suisse. Le développement des marchés de produits biologiques aurait l'avantage de permettre à certains consommateurs d'exprimer leurs préférences et de participer au financement des politiques de réduction des pollutions *via* l'achat de produits plus onéreux.

Relations avec l'agro-alimentaire

Les efforts de certaines grandes enseignes en faveur des produits de l'agriculture biologique ou, à un degré moindre, de l'agriculture raisonnée, montrent que la grande distribution peut trouver un intérêt à ce type d'opération, notamment en terme d'image. Le partenariat de la distribution est nécessaire, notamment en raison du rôle des pesticides sur la conservation et l'aspect des produits frais.

Dans une logique similaire, les transformateurs des produits agricoles peuvent influer sur les pratiques phytosanitaires des agriculteurs par l'adaptation de leurs cahiers des charges. Là encore des accords pourraient être passés entre l'État et les transformateurs. Malheureusement, il est difficile d'estimer l'impact potentiel de ces accords, cette question n'ayant pas réellement été étudiée.

Relations avec l'agrofourniture

Il convient de clarifier le rôle des vendeurs de pesticides vis-à-vis du conseil en protection phytosanitaire, et d'analyser plus finement l'idée parfois avancée que les structures qui commercialisent les pesticides pourraient compenser une baisse de leurs ventes de produits par la vente de conseil.

Le cas de la médecine humaine, où conseil, prescription et vente de médicaments sont assurés par des agents différents, peut peut-être fournir un cadre de réflexion. La vente des pesticides pourrait être assurée, comme actuellement, par les coopératives d'approvisionnement ou des entreprises privées ; la prescription pourrait être confiée à des acteurs autonomes, indépendants de la vente (soit par des compétences présentes dans les chambres d'agriculture, les SRPV et la Fédération régionale de défense contre les organismes nuisibles (Fredon) soit par des organismes de conseil privé) ; la fonction de conseil pourrait être assumée par des instituts techniques, des organismes de recherche, la presse spécialisée.

Articulation avec les politiques agricoles et les autres politiques environnementales

Jusqu'à présent, le problème de la régulation des pollutions par les pesticides a été considéré de manière isolée. Or, tout au moins pour certaines cultures, il est évident que des mesures visant à réduire les autres pollutions d'origine agricole auront d'étroites relations avec les mesures de régulation de l'utilisation des pesticides, en raison notamment des liens existant entre la fertilisation et la protection phytosanitaire au niveau agronomique. L'intérêt de la coordination entre les politiques de régulation des différents polluants d'origine agricole est, semble-t-il, insuffisamment étudiée.

Les évolutions de la Pac

Ces évolutions peuvent avoir des effets sur les choix de productions et d'objectifs de rendement des agriculteurs, et donc sur les questions phytosanitaires ; elles offrent aussi des opportunités.

La réforme de la Pac adoptée en 2003 aura certainement un impact sur l'utilisation des pesticides. Il conviendrait, par exemple, d'étudier quels pourront être les effets du nouveau mode d'attribution des aides du premier « pilier », désormais largement déconnectées de la production (rendements et assolements). Cette réforme conduira à la diminution des productions les plus aidées, notamment le maïs (irrigué). En ce sens, cette réforme diminue les interférences possibles entre aides aux cultures et politiques environnementales. En outre, les aides directes assurent un revenu fixe aux producteurs de grandes cultures, ce qui leur autorise certaines prises de risque. Par rapport à la réduction de l'utilisation des pesticides, cette réforme peut avoir des effets positifs ou négatifs, notamment parce qu'elle est susceptible d'induire d'importantes modifications d'assolement.

Les dernières réformes de la Pac ont mis en avant la multifonctionnalité de l'agriculture (et notamment son rôle dans l'entretien des territoires ruraux et la qualité de l'environnement...) pour justifier le maintien des aides agricoles. La prise en compte de cette multifonctionnalité doit intervenir lors de la définition des objectifs de la régulation environnementale, et non ensuite, lors du choix des instruments de cette régulation (pour éventuellement contester des outils qui pourraient avoir des effets négatifs sur d'autres aspects de la multifonctionnalité).

La préparation du prochain règlement de développement rural (RDR) et les perspectives d'approfondissement de la conditionnalité des aides peuvent donner l'opportunité de concevoir des mesures répondant mieux à un objectif de réduction d'utilisation des pesticides.

L'article 69 de la réforme de la Pac donne la possibilité d'aider des formes d'agriculture respectueuses de l'environnement (dont l'AB, qui ne bénéficie en France que d'une aide à la conversion).

La gestion des risques en agriculture

La stratégie thématique européenne envisage la mise en place de systèmes d'assurance garantissant une indemnisation en cas de pertes, afin de minimiser les applications de pesticides préventives.

La question, plus large, de la gestion des risques en agriculture fait l'objet de divers rapports depuis quelques années. Deux options existent : la logique de contrats conclus pour une culture et un type de risque par exemple (approche utilisée aux États-Unis) ; l'instauration d'un système d'assurance très mutualisé (contrats multirisque et multiproduction, adoptés par le plus grand nombre possible d'agriculteurs), envisagée pour les risques climatiques mais qui pourrait vraisemblablement être étendue à d'autres risques, notamment phytosanitaires (qui dépendent plus ou moins directement des effets climatiques).

Cette seconde option mériterait d'être explorée, mais il convient de rappeler que si l'assurance permet d'accroître à coup sûr la stabilité des revenus d'exploitation puisqu'elle est définie dans ce but, sa rentabilité (ou tout au moins son équilibre financier) et son effet sur l'utilisation des pesticides sont loin d'être garantis. L'expérience américaine en atteste, même si l'approche utilisée correspond à l'autre option et si les pratiques culturales américaines et européennes diffèrent sensiblement pour certaines productions.

L'assurance financière des récoltes peut jouer un rôle important pour les cultures spéciales (et notamment les cultures pérennes). Toutefois, cette approche ne permettra une réduction importante des utilisations de pesticides que si la part des pesticides utilisée pour « assurer » la production est elle-même importante.

Les mesures mentionnées ici ne sont bien évidemment pas les seules envisageables. Il semble cependant que leurs propriétés et leur cohérence leur confèrent une certaine efficacité économique. L'exemple danois montre qu'une politique de régulation fondée sur un ensemble de mesures associant une taxation incitative et diverses mesures de soutien à la mise en œuvre de pratiques plus économes en pesticides, est concrètement réalisable.

Il convient de distinguer le cas des zones sensibles, qui requièrent une réduction plus forte de l'utilisation des pesticides et donc la mise en place d'instruments complémentaires ; ces situations peuvent justifier le recours à des mesures plus onéreuses.

Étant donnée la complexité du problème des pollutions par les pesticides, il est indispensable d'adapter l'horizon temporel aux objectifs environnementaux fixés. Plus un objectif de réduction de l'utilisation des pesticides est ambitieux, plus il est nécessaire d'envisager des politiques de long terme. Il est en effet nécessaire de laisser le temps aux différents agents concernés (agriculteurs, distributeurs et producteurs de pesticides, organismes techniques, organismes de recherche, services de conseil…) de trouver les meilleures solutions aux évolutions réglementaires ou économiques. L'engagement dans une politique de régulation doit cependant être marqué rapidement par un signal fort.

Trois niveaux d'objectifs

En se fondant sur l'analyse de la bibliographie réalisée, il est possible de rendre compte, à travers 3 niveaux d'objectifs aux ambitions de plus en plus marquées, des voies possibles pour une amélioration de la situation actuelle, en terme de réduction de l'utilisation des pesticides et de leurs impacts sur l'environnement.

Niveau d'objectifs « T » (comme Transfert) : limiter les transferts de pesticides

Ce niveau, qui suppose donc l'utilisation de pesticides, correspond à la mise en œuvre d'actions visant à limiter les contaminations par les produits utilisés et leur impact. Il rassemble les actions correctives qui ne mettent pas *a priori* en jeu une réduction de l'utilisation des pesticides par rapport aux doses préconisées ; promeuvent les itinéraires techniques optimaux au plan environnemental au sein de la gamme d'itinéraires d'usage courant ; préconisent des aménagements spécifiques du paysage ou l'exploitation de zones tampons naturelles.

En terme opérationnel, le niveau T se décline en 4 points :
– adapter les usages de produits phytosanitaires aux conditions de milieu ;
– limiter la dispersion au moment de l'application de produits ;
– limiter les transferts pouvant intervenir après l'application dans la parcelle traitée ;
– et piéger les fuites éventuelles au-delà de la parcelle.

Il repose sur l'utilisation de techniques connues, qui sont mises en place dans des fermes expérimentales ou par un nombre souvent limité d'agriculteurs, et dont la diffusion reste lente.

Aussi efficaces soient-elles, ces mesures trouveront leurs limites en cas de fortes utilisations de pesticides ou de conditions pédoclimatiques particulières. *A contrario*, même si la relation n'est pas linéaire, des ambitions moindres peuvent être placées sur ce niveau d'objectifs au fur et à mesure que les réductions d'utilisation des pesticides sont obtenues.

Niveau d'objectifs « R » (comme Raisonnement) : réduire la consommation de pesticides par un raisonnement accru de leur utilisation

Les décisions de traitement sont de plus en plus raisonnées mais le raisonnement n'est pas indépendant du niveau d'information accessible sur l'état sanitaire des cultures, des outils d'aide à la décision disponibles, du contexte économique et du comportement des décideurs face au risque, autant d'éléments sur lesquels il est possible d'agir par des moyens techniques ou des instruments socio-économiques.

Cet objectif peut être décliné en 6 sous-objectifs :
– mieux apprécier la pertinence du traitement, ou du programme de traitement ;
– choisir le produit le plus adapté ;
– cibler, améliorer l'efficacité du traitement ;
– mieux gérer les risques d'apparition de résistances ;
– améliorer la connaissance des pratiques et des conseils ;
– promouvoir l'auto-évaluation des pratiques et des conseils.

Des connaissances existent, qui peuvent être mobilisées dès maintenant. Pour faciliter cette mobilisation, il semble nécessaire, d'une part d'inciter à la moindre utilisation de pesticides *via* l'instauration de taxes à un niveau suffisamment dissuasif, d'autre part de soutenir toute évolution de la formation, de l'information et du conseil afin d'aider au raisonnement, sans doute au travers de nouvelles structures moins dépendantes de la commercialisation des pesticides.

Niveau d'objectifs « S » (comme Système) : réduire la consommation de pesticides par des systèmes de culture limitant les risques phytosanitaires

C'est sur le choix de systèmes de culture qui réduisent les risques de développement de bioagresseurs que repose la stratégie de protection des cultures. Ces systèmes sont à concevoir à l'échelle locale ou régionale, en fonction des caractéristiques pédoclimatiques et des profils de bioagresseurs. Plus les objectifs de réduction des pesticides seront ambitieux et plus les systèmes actuels devront être remaniés. De nombreux éléments peuvent contribuer à la construction de ces systèmes de culture à faible risque parasitaire : le choix de variétés moins sensibles aux bioagresseurs, une gestion du couvert cultivé défavorable aux bioagresseurs, des stratégies mixtes de désherbinage pour certaines cultures annuelles, l'enherbement des inter-rangs en cultures pérennes, la lutte biologique, la gestion des intercultures, le raisonnement des successions et/ou des associations culturales, une coordination territoriale (mosaïque de cultures, aménagements)…

Pour ces objectifs ambitieux mais sans doute nécessaires, *a minima* dans les zones les plus sensibles aux impacts des pesticides, des échéances doivent être fixées dans le temps et des mesures d'accompagnement significatives envisagées. Si là encore une taxe sur les pesticides peut être l'élément nécessaire pour la prise de conscience et l'évolution vers d'autres systèmes de culture, il faudra prévoir les interventions assurant le maintien du revenu des exploitations concernées, la mise en place de plates-formes d'expérimentation-démonstration, l'organisation de structures de conseil pour accompagner les évolutions, la mobilisation de la recherche et du développement pour construire et promouvoir les innovations nécessaires.

Dans sa dimension la plus ambitieuse, ce niveau se caractérise par la définition de systèmes de culture ne nécessitant l'utilisation d'aucun pesticide (S+).

Cette présentation en trois niveaux d'objectifs constitue un cadre de réflexion sur les connaissances et les moyens techniques, sociaux et économiques mobilisables et leurs conditions de mise en œuvre pour atteindre ces différents objectifs. Ils ne représentent ni des alternatives, ni les étapes successives d'un plan d'action général, ce que ce travail d'expertise n'a pas pour mission d'élaborer. Il paraît probable que le dernier niveau est bien celui qui devra, à terme, être atteint dans la majorité des situations. Néanmoins, c'est le degré d'exigence défini localement en fonction des enjeux et des priorités qui permettra de préciser le niveau d'objectif qui devra être visé, au moins dans un premier temps.

Conclusions

La dépendance de la production agricole vis-à-vis des pesticides

Les systèmes de production sont trop souvent conçus pour maximiser le potentiel de rendement, en considérant que les problèmes phytosanitaires seront ensuite réglés par l'utilisation, facile à mettre en œuvre, de pesticides. Cette logique a conduit au développement de systèmes de culture spécialisés et intensifs, qui favorisent justement le développement des bioagresseurs. Dans ces conditions qui maximisent les risques sanitaires, les pesticides apparaissent, fort logiquement, nécessaires et très efficaces.

Cette cohérence technique est confortée par le faible coût relatif des pesticides, par rapport aux prix des autres facteurs de production et des productions agricoles elles-mêmes. *A contrario*, les techniques plus économes en pesticides, plus complexes à mettre en œuvre, génèrent des coûts directs et indirects non négligeables, liés notamment à l'acquisition de l'information que nécessite leur mise en œuvre.

La dépendance technique et économique de la production agricole vis-à-vis des pesticides est enfin renforcée par les exigences de la distribution et des consommateurs, de produits « zéro défaut » et se conservant longtemps, et par le fait que conseil en protection phytosanitaire, vente des intrants et collecte des récoltes sont de plus en plus assurés par les mêmes structures.

Des risques avérés et des risques plausibles

L'existence de risques pour l'environnement est consubstantiel à la nature des pesticides, qui sont par définition toxiques pour certains êtres vivants, même à très faibles doses, et ont donc nécessairement des effets sur les organismes non-cibles et les écosystèmes. Ces effets sont connus : mortalité d'organismes, effets directs non létaux sur la reproduction ou les comportements de prédation, qui ont ensuite des effets indirects, et différés, sur les réseaux trophiques, la biodiversité… Leur mise en évidence sur le terrain est cependant difficile, en raison de la faiblesse des dispositifs de surveillance actuels, du caractère peu spécifique de ces effets biologiques, de l'action conjuguée de divers facteurs (pollutions multiples, dégradations physiques des milieux…).

La production agricole se trouve confrontée à :
– un phénomène d'érosion de l'efficacité des produits phytosanitaires lié à une utilisation massive qui augmente les probabilités de survenue de résistance chez les bioagresseurs visés. Actuellement, en France, toutes les productions

(grande culture, arboriculture fruitière, vigne) sont confrontées à ces problèmes de résistance, qui concernent la plupart des familles chimiques de pesticides ;
– un risque économique, lié à la concurrence de produits issus de formes d'agriculture plus respectueuses de l'environnement, vers lesquels se tournent les consommateurs de divers pays européens.

Quant aux risques pour la *santé humaine* (qui sont hors du champ de cette expertise), ils apparaissent suffisamment plausibles pour être mentionnés dans tous les rapports et Plans « santé-environnement », et pour justifier le lancement d'études épidémiologiques et la commande d'une expertise à l'Inserm.

Un diagnostic difficile à établir compte tenu du manque de données

L'utilisation des pesticides reste très mal connue

Les données publiées sont celles des ventes de pesticides agrégées au niveau national, et aucune régionalisation de ces données n'est disponible actuellement. La connaissance des pratiques reste encore trop limitée à une analyse statistique du nombre de traitements, sans prise en compte des interactions entre techniques, ni compréhension de leurs déterminants. Ces niveaux d'utilisation de pesticides sont difficiles à interpréter dans la mesure où les dommages que les bioagresseurs causent effectivement, ou qu'ils pourraient causer en l'absence de toute protection, sont mal quantifiés en dehors des systèmes de culture « intensifs ».

Les contaminations des milieux et les impacts environnementaux restent difficiles à quantifier

Même pour les eaux, compartiment de l'environnement le mieux surveillé, les réseaux de mesures existants ne permettent pas une quantification précise des contaminations et de leurs évolutions. Les données sont encore très fragmentaires pour l'air, et inexistantes pour les sols, qui jouent pourtant un rôle central dans la rétention et le transfert des pesticides vers d'autres milieux.

Par ailleurs, les dispositifs de surveillance susceptibles de détecter des impacts sur les organismes et les écosystèmes sont très peu développés. Dans ces conditions, on dispose donc rarement de l'ensemble des données nécessaires pour établir des relations de causalité entre une utilisation de pesticides, une contamination caractérisée du milieu et un impact environnemental.

Les informations, concernant tant l'utilisation des pesticides que leurs impacts apparaissent très lacunaires ou incertaines. Pour pallier cette situation, il serait nécessaire de mettre en place des systèmes de collecte d'information pérennes, d'harmoniser les dispositifs existants (contamination des eaux…), de valoriser des données non exploitées (enregistrements des pratiques par les agriculteurs…) ou peu analysées (enquête SCEES). Il serait ensuite primordial de définir des indicateurs pertinents pour suivre l'évolution des pratiques phytosanitaires ainsi que leurs impacts.

Les informations disponibles ne permettent pas d'effectuer l'analyse coûts/bénéfices globale de l'utilisation des pesticides, sur laquelle devrait, idéalement, se fonder une éventuelle politique de régulation. Cette situation n'empêche pas d'opter pour une réduction des utilisations de pesticides, envisagée comme un objectif volontariste.

La nécessité de réduire les utilisations de pesticides pour limiter les impacts

Même incomplètes, les connaissances disponibles permettent d'agir. La connaissance des mécanismes élémentaires est suffisante, et les cadres conceptuels existent, pour donner une première estimation des bénéfices et des risques que l'on peut attendre ou non d'une action ou d'un ensemble d'actions privilégiant une protection des cultures utilisant moins de pesticides et/ou en réduisant les impacts.

Une première nécessité : réduire la dispersion des pesticides dans l'environnement

La mise en œuvre, sur une large échelle, des mesures correctives actuellement proposées devrait probablement permettre d'améliorer la situation. Leur efficacité étant toutefois très dépendante des facteurs climatiques, non contrôlables, elles ne sauraient garantir, à elles seules, une réduction significative de la contamination. En conséquence, une réduction sensible de l'utilisation des produits phytosanitaires paraît indispensable si l'on vise un objectif ambitieux de réduction de la contamination.

L'utilisation raisonnée des pesticides : ne pas surestimer les effets attendus

Les instituts techniques et les structures de conseil cherchent depuis assez longtemps à promouvoir une utilisation plus raisonnée des pesticides. Ce « raisonnement » permet de supprimer quelques traitements systématiques, et surtout, probablement, de réduire les doses appliquées et les impacts potentiels, par le choix de produits plus adaptés et le respect des conditions qui assurent une meilleure efficacité. Les possibilités de réduction du recours aux pesticides apparaissent cependant limitées tant que l'on reste dans des systèmes de culture générant des risques phytosanitaires importants. Par ailleurs, le coût de cette pratique est élevé : surveillance assidue des parcelles forte consommatrice de temps de travail qualifié, risque de pertes important en cas d'erreur de diagnostic, risques pour les cultures suivantes si le non-traitement conduit au maintien de populations résiduelles de bioagresseurs…

Les « alternatives » à la lutte chimique : pas de solution de substitution prête à l'emploi

Les agriculteurs sont demandeurs de « techniques alternatives » à l'emploi des pesticides, qui soient aussi faciles à utiliser, efficaces et bon marché que les traitements phytosanitaires, plus durables techniquement, et qui ne remettent pas en cause leurs objectifs de rendement élevé. Or il n'existe aucune technique répondant à ce cahier des charges.

Les résistances génétiques « totales » des variétés à des bioagresseurs, substitut « idéal », se sont révélées sujettes au même contournement rapide par le bioagresseur ciblé que les pesticides ; il en est ainsi pour les techniques de lutte « totales », chimiques ou biologiques. Les procédés physiques (désherbage mécanique ou thermique) échappent à ce risque, mais ils sont souvent plus consommateurs de temps de travail (et d'énergie) que la pulvérisation, ou inapplicables sur de grandes surfaces (filets de protection…). Les autres techniques, variétés partiellement résistantes, lutte biologique, travail du sol… ont une efficacité partielle. Elles permettent un contrôle des bioagresseurs à condition d'être utilisées en combinaison, et associées à des choix de systèmes de culture et de gestion des états de la culture qui réduisent les risques de développement des bioagresseurs. La panoplie des méthodes mobilisables est alors large, et la combinaison optimale est à déterminer en fonction des situations de production.

La production intégrée : une démarche nécessaire

La notion de « technique alternative » apparaît donc peu pertinente ; il faut lui préférer celle de « stratégie alternative » de protection des cultures, qui repose sur la mise en œuvre, construite au cas par cas, de quelques principes d'action au premier rang desquels figure la prévention des risques phytosanitaires. C'est l'objectif de la « production intégrée », qui réintègre, mais sur des bases scientifiques et techniques renouvelées, la gestion des bioagresseurs dans la conception des systèmes de culture, voire de production. Cette gestion est alors envisagée plutôt sous l'angle de la « santé des systèmes de culture » que comme une « lutte contre les ennemis des cultures ».

Cette démarche va au-delà des « bonnes pratiques agricoles », répertoriées dans des codes, chartes ou référentiels, qui sont définis pour des territoires trop vastes pour prendre en compte la diversité des situations de production, et ne prennent généralement pas en compte les interactions entre techniques.

L'existence de l'agriculture biologique prouve qu'il est possible, mais difficile, de se passer des pesticides de synthèse. On pourrait concevoir d'autres systèmes, qui tendraient vers le « zéro pesticide » sans s'interdire l'utilisation d'engrais de synthèse et le recours occasionnel à un traitement phytosanitaire en cas d'échec des mesures prophylactiques et curatives non chimiques.

Les moyens nécessaires à une politique de réduction d'utilisation des pesticides

Les instruments mobilisables

– Les outils réglementaires. Ils concernent le renforcement des critères d'homologation des pesticides, le développement d'un suivi posthomologation, des obligations telles que le contrôle technique périodique des pulvérisateurs, ou l'instauration d'un « permis de traiter » général, des restrictions locales à l'utilisation des pesticides dans des zones sensibles.

– Les incitations économiques à adopter des pratiques plus économes en pesticides. Parce que les systèmes de subventions à l'utilisation de techniques souhaitables sont onéreux à élaborer et à contrôler, et peu incitatifs à plus long terme, ils doivent être transitoires et réservés à la phase d'adoption de nouvelles techniques. Une option complémentaire, à la fois peu coûteuse à mettre en œuvre et envisageable de manière permanente, est l'instauration d'une taxation des pesticides. Son taux, comme l'atteste l'expérience danoise, devrait être suffisamment élevé pour être dissuasif, y compris à plus long terme. Des aides directes au revenu, ciblées en fonction des situations, peuvent s'avérer nécessaires pour compenser les pertes financières des agriculteurs.

– Des mesures d'accompagnement pour faciliter la conversion à d'autres stratégies de protection des plantes. La gamme des actions est large : formation spécifique des agriculteurs et des conseillers à des démarches de protection des cultures plus complexes ; incitation au développement du conseil (public ou privé) en protection des cultures, indépendant de la vente des produits phytosanitaires ; encouragement à une implication forte des instituts techniques et du développement agricole ; actions de sensibilisation des citoyens-consommateurs aux enjeux environnementaux et sanitaires des réductions d'utilisation de pesticides…

Une politique diversifiée et progressive

Une politique de réduction de l'utilisation de pesticides doit pouvoir recourir à des combinaisons de mesures, pour atteindre l'objectif fixé au moindre coût pour la société, et tenir compte de l'hétérogénéité des situations locales.

Ainsi, les zones sensibles (périmètres de protection des captages d'eau, espaces d'intérêt écologique, zones périurbaines ou de production aquacole, bassins d'alimentation de masses d'eau dont la contamination nécessite une intervention) peuvent nécessiter l'adoption de mesures plus restrictives, assorties d'aides compensatoires spécifiques.

Si une politique ambitieuse de réduction de l'utilisation des pesticides est retenue, sa mise en place doit être programmée pour permettre aux acteurs économiques de s'adapter au nouveau contexte. Une taxe, par exemple, pourra être progressive pour laisser aux agriculteurs le temps d'adapter leurs systèmes de production à la réduction d'emploi des pesticides ; elle pourra aussi, au début, s'accompagner de subventions pour l'adoption de méthodes moins polluantes.

Une expertise socio-économique préalable (un « Comité Bichel » français)

La mise en place d'une politique ambitieuse pour la régulation des pollutions par les pesticides suppose un diagnostic préalable de la situation. Si l'identification des zones sensibles semble aujourd'hui largement engagée, il reste de nombreux domaines pour lesquels ce diagnostic doit être fortement amélioré : recensement et évaluation des pratiques économes en pesticides ; estimation des effets des instruments envisagés sur l'utilisation des pesticides, sur les niveaux de production et le revenu agricole, évaluation des impacts sur les différents acteurs économiques... Une telle analyse est nécessaire pour bien préciser les arbitrages en jeu dans la définition des objectifs environnementaux à atteindre, notamment en terme de réduction de l'utilisation des pesticides, et pour déterminer le niveau et la forme des aides compensatoires destinées aux agriculteurs, si cela s'avérait utile et en conformité avec les attentes de la société.

Il s'agit d'un travail d'expertise, mais pas seulement scientifique, mobilisant aussi des experts de terrain, pour recueillir des données, auditionner des représentants des intérêts économiques en jeu... (filières agricoles, secteur de l'approvisionnement...) et intégrer l'ensemble de ces informations. Au Danemark, ce diagnostic préalable a été établi en 2 ans, par un groupe d'experts dit « Comité Bichel », expérience dont on peut s'inspirer.

Le nécessaire développement de la recherche

La diversification nécessaire des moyens de lutte contre les bioagresseurs suppose un effort important de recherche (encadré 24 p. 129) notamment sur le fonctionnement des agrosystèmes qui associe connaissance du milieu physique, écologie des systèmes complexes (populations, communautés, paysages) et ingénierie agronomique, afin d'en dégager des pistes de gestion. Il faut également poursuivre les recherches fondamentales sur l'évolution à court et long termes du devenir des produits dans les milieux et sur la biologie des interactions entre bioagresseurs et plantes, bioagresseurs et auxiliaires. Il faut, en outre, encourager les projets pluridisciplinaires qui associent disciplines biotechniques et sciences sociales pour répondre aux questions qui concernent le fonctionnement des agrosystèmes, les règles de construction des stratégies de gestion, les conditions de leur acceptabilité sociale et économique, l'évaluation de leur durabilité et de leur impact environnemental. Enfin, quel que soit le type d'actions techniques, il faut insister sur la nécessité de développer des réseaux d'expérimentations, à la fois pour la prise en compte de la grande diversité des situations locales et pour leur rôle de démonstration.

Une dimension européenne souhaitable mais pas indispensable

En matière de recherche, la création de groupes européens d'experts permet d'exploiter des économies d'échelle au niveau de l'UE en associant des chercheurs confrontés à des problèmes analogues malgré la diversité des situations nationales. Cette coopération entre États membres pourrait aussi avantageusement être étendue à d'autres domaines. Par exemple, la mise en place d'un système de taxation homogène à l'échelle européenne réduirait significativement les coûts de contrôle de ce système, et éviterait les distorsions de compétitivité intra-UE liées à sa mise en place. Néanmoins, si cette coopération à l'échelle européenne paraît souhaitable, elle n'est pas nécessaire : une politique de réduction des pollutions par les pesticides peut se justifier à l'échelle d'un pays comme la France.

---

24 Les besoins prioritaires de recherche

Le rôle de la recherche publique

La protection des cultures a été, au cours des trente dernières années majoritairement basée sur l'utilisation de pesticides, innovations dont la quasi-exclusivité revient à la recherche privée, *via* les firmes phytopharmaceutiques.

La recherche publique a :

– soit accompagné cette évolution en approfondissant la connaissance de la biologie des bioagresseurs visés (cycle, dynamique, nuisibilité, adaptation aux pressions de sélection), permettant une utilisation plus raisonnée des substances actives utilisées ;

– soit investi dans les connaissances susceptibles de déboucher sur des méthodes de lutte alternatives (interactions plantes/micro-organismes et lutte génétique, écologie des populations et des communautés et lutte biologique, agronomie et lutte culturale…).

Sauf dans le cas des résistances variétales fortes, les alternatives proposées ont le plus souvent des efficacités partielles qu'il convient soit d'associer dans une logique de complémentarité d'action, soit d'utiliser dans des situations à moindre risque parasitaire.

On ne peut sans doute attendre d'une structure de recherche monofilière comme l'est celle de l'industrie chimique agro-pharmaceutique, la prise en charge d'innovations qui ont une dimension systémique, à la fois dans leur conception et dans leur valorisation économique.

La recherche publique doit donc jouer un rôle moteur dans l'acquisition, l'organisation et la traduction opérationnelle des connaissances nécessaires pour construire les moyens nouveaux d'action et les stratégies dans lesquelles ils peuvent efficacement prendre place, en collaboration avec la recherche privée et le développement.

Les orientations de recherche à prendre ou à poursuivre

Les objectifs précédents impliquent :

– la poursuite des recherches portant sur les mécanismes physico-chimiques et microbiologiques conditionnant le devenir et le transfert des pesticides dans les différents compartiments (sol, eau, air), à différentes échelles spatiales ;

– la réalisation de recherches qui associent la caractérisation de la contamination des milieux (présence et biodisponibilité des substances) et l'évaluation des effets écotoxicologiques à différentes échelles (biologiques, spatiales et temporelles), afin notamment de mieux comprendre les mécanismes qui sous-tendent la propagation des effets entre niveaux d'organisation biologique, d'améliorer la démarche de suivi posthomologation des substances et d'identifier les situations les plus critiques nécessitant la mise en place de mesures de gestion spécifiques. Ces recherches seraient particulièrement pertinentes dans un contexte de protection intégrée, où une analyse multifactorielle permettrait de pondérer l'impact des pesticides par rapport à un ensemble d'autres moyens de lutte ;

– le développement de recherches sur le fonctionnement des agrosystèmes qui associent l'étude physique des milieux, l'écologie des systèmes complexes (populations, communautés, paysages) et l'ingénierie agronomique, et comportent une approche spatialisée des systèmes de culture, afin d'en dégager des pistes de gestion ;

– la nécessité de poursuivre les recherches fondamentales en biologie sur les interactions entre bioagresseurs et plantes, bioagresseurs et auxiliaires…, et de mieux analyser le rôle des mécanismes ainsi mis en évidence dans le fonctionnement des systèmes ainsi que leur dépendance aux conditions environnementales ;

– le renforcement du partenariat de recherche entre disciplines biotechniques et disciplines socio-économiques pour mieux anticiper ou lever les freins au développement de telles innovations ;

– le développement de recherches économiques sur les rôles, potentiellement importants, de l'agrofourniture, des transformateurs des produits agricoles et des consommateurs dans l'utilisation des pesticides (application des résultats issus des recherches de l'économie industrielle ou de la théorie des contrats) ;

– la poursuite des travaux de recherche sur la conception d'indicateurs permettant notamment de réaliser des diagnostics et d'évaluer l'efficacité des politiques publiques à différentes échelles spatiales et temporelles. Ces travaux devront impérativement comporter des phases d'analyse de sensibilité et de validation par rapport au terrain.

Les opérations de recherche finalisée à soutenir :

– il convient de continuer à développer et à rendre opérationnels les modèles de transfert des pesticides dans l'environnement validés, et de poursuivre et multiplier les expérimentations portant sur les techniques correctives, dans un double but d'adaptation à la diversité des situations et de démonstration, sur la base d'une typologie associant le devenir des pesticides aux conditions agro-pédoclimatiques de leur utilisation ;

– un effort accru de recherche mérite d'être réalisé sur la lutte biologique en privilégiant, davantage que dans le passé, la connaissance des conditions de maintien dans l'environnement après introduction, de multiplication et d'efficacité des agents de lutte biologique utilisés. Des programmes de recherches alliant agronomie, écologie des populations et écologie du paysage sont à encourager ;

– il est important de maintenir l'effort de sélection variétale du secteur privé et d'encourager la sélection publique notamment dans la construction, en amont, de géniteurs de résistance pour des cultures dont les surfaces ne justifient pas un investissement privé, ou pour des gènes de résistance issus d'espèces voisines et nécessitant un travail de génétique important. Plus globalement, la sélection devra intégrer des critères multiples : résistance, même partielle, aux bioagresseurs, capacité à valoriser des niveaux d'intrants réduits afin de cultiver dans des systèmes à moindre risque parasitaire ;

– il faut encourager, sur des appels d'offres ambitieux quant aux moyens, les projets pluridisciplinaires pour répondre aux questions de la connaissance du fonctionnement des agrosystèmes, des règles de construction des stratégies de gestion, des conditions de leur acceptabilité sociale et économique, de l'évaluation de leur durabilité et de leur impact environnemental. Il convient de développer des outils d'aide à la décision qui prennent en charge les interactions entre facteurs, et sont adaptés à des logiques « désintensives » ;

– il faut développer des bases de données relatives à l'utilisation des pesticides par les agriculteurs permettant la quantification des déterminants économiques et techniques de cette utilisation et, par conséquent, la quantification des effets des instruments de régulation envisageables. Ces données pourront être exploitées à partir de modèles et de techniques statistiques existants et à développer. Elles serviront aussi à renseigner les indicateurs développés pour l'accompagnement des politiques publiques ;

– il faut soutenir la création de plates-formes expérimentales correctement dimensionnées pour être représentatives de situations agricoles et instrumentées pour une évaluation multicritère des performances des systèmes de protection intégrée.

Mesures prévues ou proposées dans le cadre de différentes démarches incitatives ou réglementaires, visant une utilisation raisonnée des pesticides

Stratégie thématique européenne	Plan interministériel de réduction des risques liés aux pesticides (version du 17 novembre 2004)	Agriculture raisonnée (points du référentiel AR)	MAE (Plan de développement rural national 2002)
Amélioration de la connaissance des risques par collecte et analyse de données économiques relatives à l'utilisation des produits phyto-sanitaires, phytopharmaceutiques et des solutions de remplacement Systèmes d'assurance améliorés, garantissant une indemnisation en cas de pertes, afin de minimiser les applications préventives Notification aux autorités nationales par les producteurs et distributeurs de PPP des quantités produites et importées/exportées Renforcement des travaux sur la collecte des données concernant l'utilisation Introduction d'un système d'inspection technique régulière du matériel d'application Système obligatoire d'éducation, de sensibilisation, de formation et de certification pour tous les utilisateurs de PPP Introduction du principe de substitution Rapports d'avancement des programmes nationaux avec indicateurs	Action 9 - Évaluation comparative des produits pour un même usage Action 12 - Substitution pour les substances dangereuses Action 13 - Retrait du marché de 10 pesticides prioritaires Action 20 - Accentuation du contrôle distribution / utilisation de pesticides Action 23 - Étiquetage des produits Action 24 - Mise en ligne des fiches de données de sécurité Action 25 - Formation des salariés tous les 5 ans Action 26 - Formation agricole Action 27 - Élaboration de guides de références « BPA », indicateurs d'écart au conseil sur les bassins versants, renforcement du suivi des pratiques Action 28 - Suivi et renforcement des travaux des groupes régionaux Action 29 - Redevance pesticides Action 30 - Plans d'actions dans les périmètres de protection des captages élargis Action 33 - Qualification des utilisateurs professionnels Action 34 - Promotion de l'AR Action 35 - Promotion de la diffusion des « avertissements agricoles » Action 37 - Contrôle périodique obligatoire des pulvérisateurs Action 43 - Traçabilité des produits vendus localement Action 46 - Amélioration de l'information des usagers sur la qualité de l'eau potable au regard des pesticides	AR1 - Abonnement à un journal AR3 - Formation tous les 5 ans AR5 - Enregistrement des pratiques sous 8 jours AR29 - Entretien des fossés manuel ou mécanique AR30 - Observations sur parcelles représentatives AR31 - Enregistrement des interventions par îlot + facteur déclenchant AR40 - Abonnement à un service de conseil technique indépendant de la commercialisation (cela peut être le journal de l'exigence 1) AR41 - Diagnostic des pulvérisateurs tous les 3 ans et réparations AR42 - Vérifications régulières des pulvérisateurs et entretien	MAE0304A - Zéro désherbage chimique ou mécanique en inter-rang entre août et février MAE06014A - Entretien mécanique des talus MAE0801A - Lutte raisonnée MAE0804A - Remplacement d'un traitement chimique par un traitement mécanique MAE0805A - Remplacement du désherbage chimique par du désherbage mixte MAE08011A - Localisation des traitements phytosanitaires MAE0904A - Raisonnement des traitements phytosanitaires et de la fertilisation MAE3000A - Planification environnementale (enregistrements)

Auteurs et éditeurs de l'expertise

Experts

Responsables de la coordination scientifique :

– Jean-Joël GRIL, Cemagref Lyon ;

– Philippe LUCAS, Inra Rennes.

Auteurs et contributeurs :

– Anne ALIX, Inra /SSM Versailles : écotoxicologie des écosystèmes terrestres et aquatiques, évaluation des impacts et des risques ;

– Jean-Noël AUBERTOT, Inra Grignon : agronomie des grandes cultures, systèmes de culture, protection intégrée, contrôle cultural ;

– Jean-Marc BARBIER, Inra Montpellier : agronomie, pratiques et comportements techniques des agriculteurs, analyse de la décision ;

– Enrique BARRIUSO, Inra Grignon : devenir des pesticides dans les sols ;

– Carole BEDOS, Inra Grignon : transferts des pesticides vers l'atmosphère ;

– Marc BENOIT, Inra Mirecourt : dynamique des systèmes de culture et des systèmes de production, agriculture biologique, développement agricole ;

– Bernard BONICELLI, Cemagref Montpellier : techniques d'application des pesticides, dispersion des pesticides, évaluation et optimisation des matériels et des pratiques ;

– Philippe BONTEMS, Inra Toulouse : théorie des contrats appliquée à l'économie de l'environnement, économie industrielle ;

– Thierry CAQUET, Inra Rennes : écotoxicologie aquatique ;

– Alain CARPENTIER, Inra Rennes : économie de la production agricole, évaluation des biens environnementaux, économétrie ;

– Michel CLERJEAU, Enitab / Inra Bordeaux : protection phytosanitaire de la vigne, évaluation des fongicides ;

– Philippe DEBAEKE, Inra Toulouse : agronomie systémique, stratégies en grandes cultures, systèmes à bas niveaux d'intrants, désherbage intégré ;

– Robert DELORME, Inra Versailles : connaissance et évaluation des produits phytosanitaires et des substances actives, toxicité des insecticides, résistances aux insecticides ;

– Igor DUBUS, BRGM Orléans : modélisation du devenir et des transferts de pesticides dans l'environnement, évaluation des risques ;

– Vincent FALOYA, Inra Époisses : agronomie des grandes cultures, systèmes de culture intégrés, pratiques agricoles ;

– Chantal GASCUEL, Inra Rennes : hydrologie, sol et structures paysagères des bassins versants agricoles ;

– Jean-Joël GRIL, Cemagref Lyon : pollutions diffuses, aménagements correctifs ;

– Laurence GUICHARD, Inra Grignon : agronomie des grandes cultures, évaluation des pratiques agricoles et des systèmes de culture ;

– Marie-Hélène JEUFFROY, Inra Grignon : agronomie des grandes cultures, agriculture biologique ;

– Anne LACROIX, Inra Grenoble : économie de l'environnement, pollutions diffuses, gestion intégrée des systèmes de culture ;

– Ramon LAPLANA, Cemagref Cestas : évaluation des politiques agri-environnementales, gestion intégrée des territoires ;

– Stéphane LEMARIÉ, Inra Grenoble : économie et stratégie des firmes de l'agro-fourniture ;

– Philippe LUCAS, Inra Rennes : pathologie végétale, épidémiologie, protection intégrée des cultures ;

– Françoise MONTFORT, Inra Rennes : parasitisme tellurique en cultures légumières de plein champ, gestion de la protection à l'échelle du système de culture ;

– Philippe NICOT, Inra Avignon : maladie des cultures maraîchères sous abri, alternatives aux pesticides pour les cultures maraîchères ;

– Bernadette RUELLE, Cemagref Montpellier : protection des cultures et environnement ;

– Benoît SAUPHANOR, Inra Avignon : arboriculture fruitière, résistance aux insecticides et méthodes alternatives de protection ;

– Serge SAVARY, Inra Bordeaux : écologie, biologie des bioagresseurs, stratégies de gestion des bioagresseurs ;

– Nadine TURPIN, Cemagref Clermont-Ferrand : économie de l'environnement, économie régionale ;

– Marc VOLTZ, Inra Montpellier : transfert des pesticides dans les sols et les hydrosystèmes.

Unité expertise scientifique collective (Uesco) de l'Inra

– Annie CHARTIER, Inra Versailles : ingénierie documentaire ;

– Claire SABBAGH, Inra Paris : direction de l'unité, management de l'Esco ;

– Isabelle SAVINI, Inra Paris : rédaction et coordination éditoriale.

Imprimé pour vous par Books on Demand (Allemagne)

9 782759 209354